自然灾害与环保
ZIRANZAIHAIYUHUANBAO

地 震

林新杰◎主编

测绘出版社

图书在版编目（CIP）数据

地震 / 林新杰主编 . -- 北京：测绘出版社，
2015.7
　（自然灾害与环保）
　ISBN 978-7-5030-3686-6

　Ⅰ.①地… Ⅱ.①林… Ⅲ.①地震灾害—灾害防治—
青少年读物 Ⅳ.① P315.9-49

　中国版本图书馆 CIP 数据核字 (2015) 第 058205 号

责任编辑　黄忠民

出版发行	测绘出版社		
地　　址	北京市西城区三里河路 50 号	电　话	010-68531160（营销）
邮政编码	100045		010-68531609（门市）
电子邮箱	smp@sinomaps.com	网　址	www.sinomaps.com
印　　刷	北京一鑫印务有限责任公司	经　销	新华书店
成品规格	165mm × 225mm		
印　　张	10.00	字　数	130 千字
版　　次	2015 年 7 月第 1 版	印　次	2015 年 7 月第 1 次印刷
印　　数	0001~5000	定　价	35.80 元
书　　号	ISBN 978-7-5030-3686-6/Z · 124		

本书如有印装质量问题，请与我社联系调换。

近年来，自然灾害频繁发生。有的地方洪水泛滥、有的地方地震不断、有的地方碰到百年不遇的雪灾……这一切铺天盖地而来，不断冲击着人们的视线，让人们一想到那些重大自然灾害，就不寒而栗。这些重大自然灾害夺去了多少人的性命，造成多么大的经济损失，给人们的心里留下多么可怕的烙印。这一切也让越来越多的人意识到，地球在开发的同时，更要注意保护。我们的"母亲"——地球已是千疮百孔、伤痕累累。当今世界，"环保"已成为世界上所有国家都面临的重要课题。

这一切都说明了让人们特别是青少年认识"自然灾害"，增强"环保意识"是多么重要。本套丛书以通俗易懂的语言阐述了地震、海啸、洪水等各种自然灾害的形成原因、危害，防范和治理以及和环境的关系等知识。希望广大青少年朋友通过阅读本套丛书，不仅对自然灾害有个比较系统的了解，而且能运用到生活中，一旦发生险情，能够迅速找到逃生之路。这样不仅提高青少年自我保护能力，同时也增强他们的"环保"意识。让我们携起手来，保护我们的"母亲"——地球。

目录

第❸章
自救与互救
Zijiu Yu Hujiu

第❹章
古今中外大地震纪实
Gujin Zhongwai Dadizhen Jishi

第5章
地震与环境保护
Dizhen Yu Huanjingbaohu

地震的认识
DIZHEN DE RENSHI

第 **1** 章

地震基础知识

1. 地震的简介

地震，是地球内部发生的急剧破裂产生的震波，在一定范围内引起地面振动的现象，在古代又称为地动。就像海啸、龙卷风、冰冻灾害一样，是地球上经常发生的一种自然灾害。大地振动是地震最直观、最普遍的表现。在海底或濒海地区发生的强烈地震，能引起巨大的波浪，称为海啸。地震是极其频繁的，全球每年发生地震约550万次，其中，能被人们清楚感觉到的就有50 000多次，能产生破坏的5级以上地震约1 000次，而7级以上有可能造成巨大灾害的地震10

多次。

下面我们来认识几个有关地震的基本术语。

1）震源

震源是指地震波发源的地方。

2）震中

震中是指震源在地面上的垂直

投影。

3）震中区（极震区）

震中区是指震中及其附件的地方。

4）震中距

震中距是指震中到地面上任意一点的距离。

5）余震

余震是在主震之后接连发生的小地震。余震一般在地球内部发生主震的同一地方发生。通常的情况是一个主震发生以后，紧跟着有一系列余震，其强度一般都比主震小。余震的持续时间可达几天甚至几个月。

6）地震波

地震波是指在发生地震时，地球内部出现的弹性波。其中，地震波又分为体波和面波两大类。体波

在地球内部传播，面波则沿地面或界面传播。按介质质点的振动方向与波的传播方向的关系划分，体波又分为横波和纵波。

我们把振动方向与传播方向一致的波称为纵波（也称P波），纵波的传播速度非常快，每秒钟可以传播 5～6 千米，会引起地面的上下跳动。振动方向与传播方向垂

直的波称为横波（也称 S 波），横波传播速度比较慢，每秒钟传播 3～4 千米，会引起地面水平晃动。因此地震时地面总是先上下跳动，后水平晃动。由于纵波衰减快，所以离震中较远的地方，一般只能感到地面水平晃动。在地震发生的时候，造成建筑物严重破坏的主要原因是横波。因为纵波在地球内部的传播速度大于横波，所以地震时纵波总是先到达地表，相隔一段时间横波才到达，二者之间有一个时间间隔，不过间隔时间比较短。我们可根据间隔长短判断震中的远近，用每秒 8 000 米乘以间隔时间就可以估算出震中距离。对于我们来说，这一点非常重要，因为地震来临时纵波会先给我们一个警告，告诉我们造成建筑物破坏的横波马上要到了，应该立刻防范。

2. 地震的成因

地震成因是地震学科中的一个重大课题，目前主要有大陆漂移学说、海底扩张学说。现在比较流行的是大家普遍认同的板块构造学说。1965 年加拿大著名物理学家威尔逊首先提出"板块"概念，1968 年法国地质学家勒比雄把全球岩石圈划分成六大板块，即欧亚、太平洋、美洲、印度洋、非洲和南极洲板块。板块与板块的交界处，是地壳活动比较活跃的地带，也是火山、地震较为集中的地带。地球的结构分为三层，中心层地核，中间层地幔和外层地壳。地震一般发生在地壳层。地球每时每刻都在进行自转和公转，同时地壳内部也在不停地发生变化，由此而产生力的作用，使地壳岩层变形、断裂、错动，于是便发生地震。

接着我们来看看板块构造与地震之间的联系。

在地球的最外层，由地壳和地幔最上面的部分共同构成厚 100 多千米的岩石圈，它像一个裂了缝的鸡蛋壳，包括好多块，叫做岩石圈板块。地球上最大的板块有 6 块，分别是太平洋板块、美洲板块、非洲板块、欧亚板块、印度洋板块和南极洲板块。另外还有一些较小的板块，如菲律宾板块等。世界地震分布与全球板块分布非常吻合，全球有 85% 的地震都分布在板块的边界上，仅有15%的地震与板块边界的关系不那么明显。这就说明，板块运动过程中的相互作用是引起地震的一个非常重要的原因。发生在板块边界上的地震叫板缘地震，环太平洋地震带上绝大多数地震均属此类；而发生在板块内部的地震叫板内地震，欧亚大陆内部的地震多属于板内地震。板内地震发生的原因比板缘地震更复杂，它既与板块之间的运动有关，又与局部的地质条件有关。

除了以上观点，近年来出现了地震成因的新理论，那就是地震核变成因论，即地震是地幔中核变的及时效应在地壳上的表象。地幔的长期沉淀、析出、分层，在地球深处形成较纯净的核裂变（如铀等）物质圈，同时由于地幔的长期析出或内部物质的生成析出或地幔对地表的液态、气态物质（如海水、石油、空气等）的吸入、热解，在地幔的上层（地幔、地壳之间）聚集了较为纯净的核聚变物质（如氢等）。地幔的对流造成核裂变物质相遇，并超过临界体积，就会发生核裂变，（此时附近存有核聚变物质）进而引发核聚变，产生瞬间极速膨胀，反弹地壳产生纵波，纵波拉伸地壳产生横波此时引发地震。余震的产生机理是因为一方面核变产生温度熔化地幔，并同时造成地幔温度的不均匀，加速其对流，以提高核裂变物质相遇的概率，另一方面核变产生温度还可以熔化地壳释放核聚变物质，同时又可以提高含氢化合物（如海水蒸汽）的热解比例，以增加核聚变物质的含量。

3. 地震的分类

1）按形成原因分类

①构造地震：由于地壳运动引起地壳构造的突然变化，地壳岩层错动破裂而发生的地壳震动，也就是人们通常所说的地震。地球不停地运动、不停地变化，从而内部产生巨大的力，这种作用在地壳单位面积上的力，称为地应力。在地应力长期缓慢的作用下，地壳的岩层发生弯曲变形，当地应力超过岩石本身能承受的强度时便会使岩层错动断裂，其巨大的能量突然释放，以波的形式传到地面，从而引起地震。此类地震占全球地震总数的90%以上。我国宁夏所发生的地震，绝大多数属于此种类型。由于构造地震频度高、强度大、破坏重，因此是地震监测预报、防灾减灾的重点对象。

②火山地震：是指由于火山活动时岩浆喷发冲击或热力作用而引起的地震。火山地震一般较小，造成的破坏也极少，而且发生的次数也不多，只占地震总数的7%左右。目前世界上大约有500座活火山，每年平均约有50座火山喷发。我国的火山多数分布在东北黑龙江、吉林和西南的云南等省。黑龙江省的五大连池、吉林省的长白山、云南省的腾冲及海南岛等地的火山在近代都喷发过。火山地震都发生在活火山地区，一般震级不大。

③陷落地震：一般是因为地下水溶解了可溶性岩石，使岩石中出现空洞，空洞随着时间的推移不断扩大；或者由于地下开采矿石形成了巨大的空洞，最终造成了岩石顶

部和土层崩塌陷落（如喀斯特地形、矿坑下塌等），从而引起地面震动。陷落地震震级都比较小，约占地震总数的 3% 左右，其破坏范围非常有限。最大的矿区陷落地震也只有 5 级左右，我国就曾经发生过 4 级的陷落地震。虽然震级较小，但对矿井上部和下部仍会造成比较严重的破坏，并威胁到矿工的生命安全，所以不能掉以轻心，应加强防范。

④诱发地震：在特定的地区由于某种地壳外界因素（人为因素）诱发而引起的地震。例如深井注水、矿山冒顶、油井灌水、水库蓄水等都可以诱发地震，其中最常见的诱发地震是水库地震。1959 年建成的广东河源新丰江水库，1962年就发生了最大震级为 6.1 级的地震，震中烈度达到 8 级，是已知最大水库地震之一。2012 年 2 月 16日凌晨，广东省河源市东源县锡场镇发生的 4.8 级地震，震中位于锡场镇水库村。主要原因是水库蓄水以后改变了地面的应力状态，由于库水渗透到已有的断层里，起到润滑和腐蚀作用，促使断层产生新的滑动。当然，并不是所有的水库蓄水后都会发生水库地震，水库地震的发生需要一定的条件，当库区存在活动断裂、岩性刚硬等条件时，才有诱发地震的可能性。

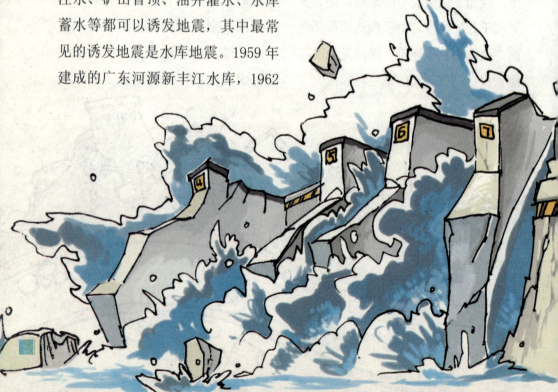

2）按震源深度分类

①浅源地震：震源深度小于60千米的地震，也称正常深度地震，占总数的3%。我国宁夏发生的地震都是浅源地震；②中源地震：震源深度在60千米至300千米之间的地震称为中源地震；③深源地震：震源深度大于300千米的地震称为深源地震。已记录到的最深地震的震源深度约为700千米。

3）按震中距分类

①地方震：震中距小于或等于100千米的地震；②近震：震中距在100千米～1000千米之间的地震；③远震：震中距大于1000千米的地震。

4）按震级分类

①小震：4级以下的地震；

②中强震：5～6级的地震；

③强震：7级以上的地震，其中8级以上的地震又称为特大地震。

5）按破坏程度分类

①一般破坏性地震：造成数人至数十人死亡，或直接经济损失在一亿元以下（含一亿元）的地震；

②中等破坏性地震：造成数十人至数百人死亡，或直接经济损失

在一亿元以上（不含一亿元）、五亿元以下的地震；

③严重破坏性地震：人口稠密地区发生的七级以上地震、大中城市发生的六级以上地震，或者造成数百至数千人死亡，或直接经济损失在五亿元以上、三十亿元以下的地震；

④特大破坏性地震：大中城市发生的七级以上地震，或造成万人以上死亡，或直接经济损失在三十亿元以上的地震。

4. 地震震级

地震有强有弱，用什么来衡量地震的大小呢？科学家对衡量地震有自己的一把"尺子"。衡量地震大小的"尺子"叫做震级。震级与震源释放出来的弹性波能量有关，它可以通过地震仪器的记录计算出来，地震越强，震级越大。

国际上一般采用美国地震学家查尔斯·弗朗西斯·芮希特和宾诺·古腾堡于1935年共同提出的震级划分法，即通常所说的里氏地震规模。里氏规模是地震波最大振幅以10为底的对数，并选择距震中100千米的距离为标准。里氏规模每增强一级，释放的能量约增加32倍，相隔两级的震级其能量相差约1000倍。

小于里氏规模2.5级的地震，人们一般不易感觉到，称为小震或者是微震；里氏规模2.5～5.0级的地震，震中附近的人会有不同程度的感觉，称为有感地震，全世界每年大约发生十几万次；大于里氏规模5.0级的地震，会造成建筑物不同程度

的损坏，称为破坏性地震。里氏规模 4.5 级以上的地震可以在全球范围内监测到。有记录以来，历史上最强的地震是发生在 1960 年 5 月 22 日 19 时 11 分南美洲的智利，根据美国地质调查所记录，里氏规模竟然达 9.5 级。

震级越小的地震，发生的次数就会越多；震级越大的地震，发生的次数就会越少。一说到地震人们就会不寒而栗，其实大可不必。因为地球上的有感地震很少，仅占地震总数的 1%；中强震、强震就更少了，所以没必要杞人忧天。

5. 地震烈度

同一次地震，在不同的地方造成的破坏也是不一样的；震级相同的地震，造成的破坏也不一定会相同。用什么来衡量地震的破坏程度呢？科学家又"制作"了另一把"尺子"——地震烈度来

衡量地震的破坏程度。

地震在地面造成的实际影响称为烈度，它表示地面运动的强度，也就是我们平常所说的破坏程度。震级、距震源的远近、地面状况和地层构造等都是影响烈度的因素。同一震级的地震，在不同的地方会表现出不同的烈度。烈度是根据人们的感觉和地震时地表产生的变动，还有对建筑物的影响来确定的。仅就烈度和震源、震级之间的关系来说，震级越大震源越浅、烈度也就越大。

一般情况下，一次地震发生后，震中区的破坏程度最严重，烈度也最高。这个烈度叫做震中烈度。从震中向四周扩展时，地震烈度就会逐渐减小。例如，1976 年我国河北唐山发生的 7.8 级大地震，震中烈度为 11 度。天津市受唐山地震的影响，地震烈度为 8 度，北京市烈度就只有 6 度，再远到石家庄、太原等就只有 4～5 度了，地震烈度逐渐减小。

如果把地震比作炸弹爆炸，近处与远处破坏程度是不同的。炸弹的炸药量，好比是震级；炸弹对不同地点的破坏程度，好比是烈度。一次地震可以划分出好几个烈度不同的地区。

我国把烈度划分为 12 度，不同烈度的地震，其影响和破坏也不一样。下面我们来看看不同烈度的大致表现：

1 度：无感。仅仪器能记录到；

2 度：微有感。特别敏感的人在完全静止中有感；

3 度：少有感。室内少数人在静止中有感，悬挂物轻微摆动；

4度：多有感。室内大多数人，室外少数人有感，悬挂物摆动，不稳器皿作响；

5度：惊醒。室外大多数人有感，家畜不宁，门窗作响，墙壁表面出现裂纹；

6度：惊慌。人站立不稳，家畜外逃，器皿翻落，简陋棚舍损坏，陡坎滑坡；

7度：房屋损坏。房屋轻微损坏，牌坊、烟囱损坏，地表出现裂缝及喷沙冒水；

8度：建筑物破坏。房屋多有损坏，少数路基塌方，地下管道破裂；

9度：建筑物普遍破坏。房屋大多数破坏，少数倾倒，牌坊、烟囱等崩塌，铁轨弯曲；

10度：建筑物普遍摧毁。房屋倾倒，道路毁坏，山石大量崩塌，水面大浪扑岸；

11度：毁灭。房屋大量倒塌，路基堤岸大段崩毁，地表产生很大变化；

12度：山川易景。一切建筑物普遍毁坏，地形剧烈变化，动植物遭毁灭。

2008年5月12日，我国四川汶川发生里氏7.8级大地震，这个数据是中国地震台网中心利用国家地震台网的实时观测数据测定后速报的。随后，地震专家又根据国际惯例，利用包括全球地震网在内的台站资料，对地震的参数进行更为详细的测定后做出修订，修订后为里氏8.0级。汶川地震是中国自1949年以来波及范围最广，破坏性最强的一次地震，最大烈度达到11度，重灾区的范围超过10万平方千米。不难看出这次地震的强度和烈度都超过了 1976 年河北唐山发生的 7.8 级大地震。

6. 地震的特点

与旱灾、水灾、风灾、泥石流、山崩、农作物病虫害等灾害相比，地震灾害具有以下特点：

第一个特点：突发性强

地震灾害是瞬时突发性的社会灾害，发生十分突然，一次地震持续的时间往往只有几十秒，在如此短暂的时间内造成大量的房屋倒塌、人员伤亡，这是其他的自然灾害难以相比的。地震可以在几秒或者几十秒内摧毁一座文明的城市，能与一场核战争相比，像汶川地震就相当于几百颗原子弹的能量。由于事前有时没有明显的预兆，以至来不及逃避，从而造成大规模的灾

难。

第二个特点：破坏性大

地震波到达地面以后造成了大面积的房屋和工程设施的破坏，若发生在人口稠密、经济发达地区，往往可能造成大量的人员伤亡和巨大的经济损失，尤其是发生在城市里，像在上世纪90年代世界发生的几次大的地震，都造成重大的人员伤亡和财产损失。

第三个特点：社会影响深远

地震由于突发性强、伤亡惨重、经济损失巨大，它所造成的社会影响也比其他自然灾害更为广泛、强烈，而且往往会产生一系列的连锁反应，对一个地区甚至一个国家的社会生活和经济活动会造成巨大的冲击。它波及面比较广，对人们心理上的影响也比较大，这些都可能造成较大的社会影响。

第四个特点：防御难度大

与洪水、干旱和台风等气象灾害相比，地震的预测要困难得多。地震的预报是一个世界性的难题，同时建筑物抗震性能的提高需要大量资金的投入，要减轻地震灾害，需要各方面协调与配合，需要全社会人民长期艰苦细致的工作，因此地震灾害的预防比起其他一些灾害要困难得多。

第五个特点：地震还产生次生灾害

地震不仅产生严重的直接灾害，而且不可避免地产生次生灾害。有的次生灾害的严重程度大大超过直接灾害造成的损害。一般情况下地震产生的次生或间接灾害是直接灾害经济损害的两倍，像火灾、水灾、泥石流等等，还有滑坡、瘟疫等等，这些都属于次生灾害。

第六个特点：持续时间长

这个有两个方面的意思，一个是主震之后的余震往往持续很长一段时间。也就是地震发生以后，在近期内震区还会发生一些比较大的余震，虽然没有主震大，但是这些余震也会有不同程度的破坏，这样影响时间就比较长。另外一个，由于破坏性大，使灾区的恢复和重建的周期比较长。地震造成了房倒屋塌，交通设施破坏，接下来要进行重建，在这之前还要对建筑物进行鉴别，要考虑到还能不能住人，或者是将来重建的时候要不要进行一些规划，规划到什么程度等等这些问题，所以重建周期比较长。

第七个特点：地震灾害具有某种周期性

一般来说地震灾害在同一地点或地区要间隔几十年或者上百年，或更长的时间才能重复发生，地震灾害对同一地区来讲具有准周期性，就是具有一定的周期性。这是人类目前对地震的认识的水平。

地震带

地震活动在时间上具有一定的周期性。表现为在一定时间段内地震活动频繁，强度大，称为地震活跃期；而另一时间段内地震活动相对来讲频率少，强度小，称为地震平静期。地震的地理分布受一定的地质条件控制，具有一定的规律。地震大多分布在地壳不稳定的部位，特别是板块之间的消亡边界，形成地震活动活跃的地震带。地震带是指地震的震中集中分布的地区，这些地区呈有规律的带状分布。全世界主要有三大地震带：

1. 世界三大地震带

人们把世界地震分布划分为三

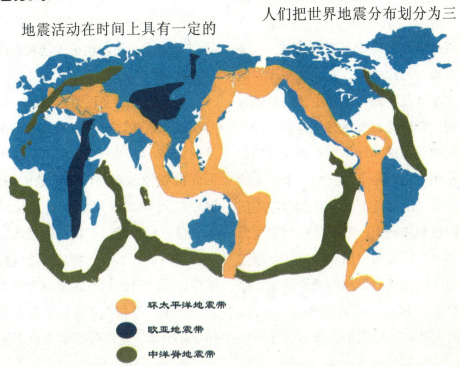

环太平洋地震带

欧亚地震带

中洋脊地震带

条地震带，三大地震带依次是环太平洋地震带、欧亚地震带和中洋脊地震带。通过这些地震带可以看出地震带分布是相当不均匀的，绝大多数地震带都分布在南纬45度和北纬45度之间的广大地区。世界上的地震主要集中在这三大地震带上。

环太平洋地震带在东太平洋，地球上约有80%的地震都发生在这里。该地震带主要沿北美、南美大陆西海岸分布，在北太平洋、西太平洋及西南太平洋主要沿岛弧分布。全球约80%的浅源地震、90%的中源地震和近乎所有的深源地震都集中在该带上。它呈一个巨大的环状，沿北美洲太平洋东岸的美国阿拉斯加向南，途中经过加拿大西部、美国加利福尼亚和墨西哥西部地区，到达南美洲的哥伦比亚、秘鲁和智利，然后从智利调转方向，折向西，穿过太平洋抵达大洋洲东边界附近，在新西兰东部海域转向北，再经过斐济、印度尼西亚、菲律宾，以及我国的台湾省、琉球群岛、日本列岛、阿留申群岛，最终回到美国的阿拉斯加，环绕太平洋一周，也把大陆和海洋分隔开来。

欧亚地震带又称为地中海—喜马拉雅地震带。该地震带大致呈东西向分布，横贯欧亚大陆。西起大西洋的亚速尔群岛，穿过地中海，途中经过伊朗高原进入喜马拉雅山，在喜马拉雅山东端向南拐弯经过缅甸西部、安达曼群岛、苏门答腊岛、爪哇岛到达班达海附近与西太平洋地震带相连，全带总长大约15 000千米，宽度各个地方也不一样。欧亚地震带的地震活动仅次于环太平洋地震带，环太平洋地震带之外的近乎所有的深源地震、中源地震和多数的浅源大地震都发生在这个带上。该带地震释放的能量约占全球地震能量的5%。

中洋脊地震带又称为海岭地震带，相对于前两个地震带，这是个次要的地震带。它基本上包括了全部海岭构造地区。它从西伯利亚北部海岸靠近勒拿河的地方开始，横跨北极，越过斯瓦尔巴群岛和冰岛伸入到大西洋，然后又沿大西洋中部延伸到印度洋，最后分为两支，一支沿东非大裂谷系，另一支通过太平洋的复活节岛海岭直达北美洲的落基山。

2. 地震与活动断层的关系

地壳岩层因受力达到一定强度而发生破裂，并沿破裂面有明显相对移动的构造称断层。活动断层指1万年以来有活动的断层。地震活动断层是指曾发生和可能再发生地震的活动断层。活动断层具有很强的破坏力，其规模有大有小，大的可大到板块边界，小的也可小到仅

几十千米。地震带与活动断层之间有密切的关系，其主要表现有：

①绝大多数的强震震中都分布于活动断层带内。世界上著名的破坏性地震所产生的地表新断层与原来存在的断层走向基本一致或者完全重合。如1906年美国旧金山发生的8.3级地震沿圣安德烈斯断层产生了450千米的地表破裂；我国1920年的宁夏海原大地震、1931年的新疆富蕴大地震、1932年的甘肃昌马大地震、1970年的云南通海大地震、1973年的四川炉霍大地震、1988年的云南澜沧—耿马大地震等，都产生了与原断层基本重合的新断层。

②在许多活动断层上都发现了有仪器记录以前的地震以及重复现象。每一次震断层上的重复时间从几百年到上万年不等。这就可以看出，过去的地震和现在地震一样都是沿断层分布的。

大多数等震线的延长方向和强震的极震区与当地断层走向一致。大地震的前震和余震也都是沿断层线性分布。震源力学分析得出这样的结论：震源错动面的形状大部分

和地表断层一致。

总之，这些自然现象说明：地震带与活动断层在成因上有着密切联系。我们可以通过地震带发现和研究活动断层带，从而让建筑尽可能地避开地震活动断层。

3. 地震集中于三大地震带的原因

地球的构造运动决定了地震的发生和分布。地球由地壳、地幔和地核等圈层组成，地壳和地幔的最上部，主要为刚性的岩石，叫做岩石圈。包裹着地球的岩石圈又是由若干个板块组成。板块与板块之间不断发生着碰撞、挤压等运动，也就孕育和产生了地震。板块与板块之间的边界地带，就是地震最为集中的地带，这些边界带上的地震也称为板间地震。

全球的板块主要有太平洋板块、欧亚板块、非洲板块、印度—澳大利亚板块、南极洲板块、北美板块、南美板块和菲律宾海板块等。其中，运动最快的是太平洋板块，太平洋板块从海沟处俯冲插入地球内部，导致板块弯曲变形，并不断地引发地震。因此，环太平洋地震带的地震最多，也最强烈。

我国地震

1. 我国地震的成因

从我国大于或等于 6 级地震的分布情况看，台湾省的地震最为强烈和频繁，位于全国之首，有 245

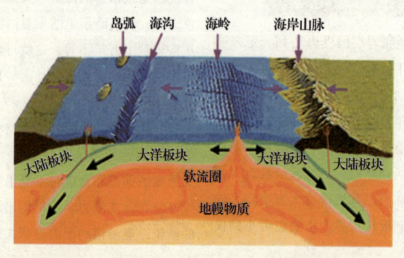

岛弧　海沟　　海岭　　海岸山脉

大陆板块　大洋板块　大洋板块　大陆板块
软流圈
地幔物质

次。其次是云南，有 108 次，新疆 81 次，西藏 80 次，四川 54 次，而地震活动较弱、频度较低的省有湖北、湖南、江西、广西、安徽、江苏、河南等省，虽都有 7 级以上的地震发生，但次数很少。全国仅有贵州、浙江两省未发生过 6 级以上的地震。以上是公元前 1831 年（最早地震记载）到 1985 年年底的 3 816 年间的我国地震情况。

从以上数据可以看出来，我国是世界上多地震的国家，其主要原因是因为它所处的地理位置和地质条件。我国的东面有环太平洋地震带的西太平洋地震带通过（在地质上称为西太平洋构造带），这个地带自中生代和新生代以来，受太平洋构造带影响强烈，不仅形成了与其相关的地质构造特征，而且也产生了相应的地震活动带。我国东北一带的深震区，是由于太平洋板块插向日本岛弧之下向大陆方向倾斜的地壳俯冲带（又称贝尼奥夫带）引起的。它和日本的地震活动有成因上的关系，而南部的福建、广东沿海地震虽然受台湾地震带影响，但由此向西地震活动却骤然减弱。

我国的西部和西南边界是世界上第二个大地震带——欧亚地震带经过的地方（在地质上称特提斯或古地中海构造带），由于冈瓦纳板块向北挤压碰撞欧亚板块，缝合线在雅鲁藏布江一带，使我国西部广大地区的地震活动增强。在构造运动方面，其运动速度和幅度西部地区明显大于东部，主要构造走向以西北和北西向为主，垂直运动表现得非常清楚。这在地形上能直接反映出来，在地壳的结构方面也有本身的特点。因此使我国西部的地震活动性要比东部强烈。由于我国地处世界两个最强烈的大地震带之间，并且有些地方本身就是这两个地震带的组成部分，所以广大地区受此影响，使我国成为世界上多地震的国家。

特别应当指出的是我国大陆地区的地震属典型的板内地震，我国也是板内地震最多的国家，而且绝大多数地震发生在陆壳的中层，约地下 10 ～ 25 千米的深度范围内。

2. 我国地震的分布

从我国地震所发生的地理位

置，即平面分布状况看，地震的分布是不均匀的，它受一定的地质条件的控制，发生于一些特定的位置上。下面就我国地震活动分区或断块构造作简单概述。

1）台湾断块

位于西太平洋地震带西侧，由阿留申群岛向西南，经勘察加半岛、千岛群岛到日本中部，再向西南的西侧一支分支上，这是一著名的弧形地震带。岛弧可能是由地球表面与平面的断裂面相交而成的，岛弧的曲率大小与该断面倾角有关，当倾角大则曲率小，岛弧也就较平直，所以倾角大的断面插入较深，往往出现深源地震，反之就不会出现深源地震。台湾版块不仅是我国地震程度和频度最高的地区，其地震活动在世界上也是著名的。遗憾的是 1655 年以前的地震见不到文献记录。据清朝以来的资料统计，该板块共发生 6～6.9 级地震 208 次，7～7.9 级地震 34 次，8 级以上地震 2 次，不确切的地震 1 次，共计 245 次。且大都发生在 1900 年以后。

2）青藏断块

位于地中海—喜马拉雅地震活动带内，该地震带从喜马拉雅山脉开始，向东南至中、印、缅三国边境地区拐成南北向延伸，在班达海以东的伊里安岛一带同环太平洋地震带交汇在一起。由喜马拉雅山系向西北经帕米尔向西入兴都库什地

区，这里不仅是许多山系的汇聚地区，而且也是形成地震的密集地区，故称为帕米尔纽结带。在帕米尔向东北有一分支，即由我国新疆边陲地区经蒙古至俄罗斯加贝尔一带。由帕米尔向西沿阿富汗到伊朗山区，经伊朗沿里海和高加索山地进入黑海和土耳其高原，再向西沿地中海的巴尔干半岛、亚平宁半岛和伊比利亚半岛，最后经非洲西北角的摩洛哥一带至大西洋的亚速尔群岛，与大西洋海岭地震带相连。该地震带大部分位于欧亚大陆，并涉及非洲的一部分，所以也称为欧亚地震带。它大致呈东西方向，全长15 000多千米，对我国影响极大，特别是青藏高原地区。公元前193年2月-1984年期间，该区共发生过震级6级左右的地震342次，其中8左右的11次，7级的57次，可见青藏高原是我国地震活动频度高和强度大的地区。这主要是受印度洋板块和欧亚板块汇聚后两个大陆板块碰撞的影响，这也是上世纪以来导致青藏高原内部地壳烈地变形和频繁的地震活动的主要

青藏断块

原因。

3）新疆板块

位于欧亚板块内部，以强烈隆起的褶皱带与相对下沉的盆地相间为特征。包括阿尔泰褶皱山系、天山褶皱山系和祁连山褶皱山系三个主要地震带。阿尔泰褶皱带开始于海西早期，中、新生代以来仍有强烈的构造运动；天山褶皱系发育于加里东及海西构造期，褶皱回返以后在南北两侧形成中、新生代前缘拗陷；祁连山褶皱系为加里东期的褶皱带，中生代后进一步为构造运动分割。在这三个地震带上发生过8级以上的大震，如1902年阿图什附近的8.25级地震，1906年新疆沙湾南8级地震，1920年宁夏海源8.5级地震、1927年甘肃古浪8级地震和1931年的富蕴8级地震等。在天山褶皱系地震带中，从巴楚向西，在阿图什、乌恰一带，该处地震震中更为集中，并且震级也较大，近期活动也较剧烈。如1985年8月23日在乌恰就发生了7.4级地震。

4）华北断块

北起赤峰—开源深断裂，南至秦岭的北缘、肥中和响水河口深断裂，西起银川—吉兰泰断陷盆地带，东部延入黄海、渤海海域。本

区自吕梁运动以后，古生代时期长期处于相对稳定的地台发展阶段，虽有多次海水进退，但也没有发生强烈的构造变动。从三叠纪末开始，本区的构造运动又趋向活跃。与太平洋发展相关联，本区的北北向构造系统显著加强，控制了中生代的沉积作用和岩浆活动，形成了大型隆起和拗陷，岩浆活动向太平洋方向迅速加强。新生代时期，本区构造运动继续发展，断裂活动及沿断裂的差异运动仍在强烈进行。本区内部构造复杂，形成许多次级断块，有一些长期活动的深或大的断裂带。华北地区可以划分为四个地震带：①郯城—庐江深断裂地震带；②太行山前大断裂地震带；③山西隆起区断陷地震带；④华北沉陷区地震带。其中，郯城—庐江深断裂地震带是我国东部地区极为重要的一条区域性深断裂带，一些强烈的历史地震沿着它不断发生，如1668年吕县和郯城间的8.5级地震，公元前70年的安丘7级地震等。渤海海域、唐山地震也都是发生在郯城庐江深断裂地震带的附近，并与其有密切的关系。山西隆起区断裂地震带，是历史上一个强烈地震活动带，它是华北地区地震活动最强的地带，6级以上的地震占华北的 41%，8 级以上的地震就有过 3 次，如 1556 年 1 月 23 日陕西华县 8 级地震等。山西隆起区断裂地震带地震是华北地区新生代垂直差异运动幅度最大的地区。目前仍是华北地区第四活跃期，地震主要发生在华北沉陷区地震带内，从 1966 年至 1976 年就发生 4 次 7 级以上的强震，如 1966 年 3 月 22 日发生在河北邢台宁晋县 7.2 级地震，1969 年 7 月 18 日渤海 7.4 级地震，1975 年 2 月 4 日辽宁海城 7.3 级地震和 1976 年 7 月 28 日河北唐山—丰南 7.8 级地震。华北地区人口稠密，工农业发达，大城市集中，是首都所在地，因此是地震监测预报研究的重点地区之一。

总之，从我国地震发生的空间位置的分布特点看，我国的深源地震仅出现于吉林的安图、珲春和黑龙江的穆棱、东宁、牡丹江一带，深度一般为 400 ～ 600 千米。它是环太平洋地震带深震群的一部分，是太平洋板块俯冲带以 30° 倾角插入亚洲大陆之下，伸达我国东北的产物。震级为 5 ～ 7.5 级，因震源过深，一般无破坏作用。我国的中源地震主要有三处：一是台湾省东部的沿海，如基隆东部、花莲东海中部以及东南海域，深度为 100 ～ 270 千米；二是西藏南部江孜、达旺附近，深度为 140 ～ 180 千米；三是新疆西部的塔什库尔干、麻扎一带，深达 100 ～ 160 千米，它是兴都库什中源地震群的一部分。我国的浅源地震分布最为广泛，在深度上东西两部少有差别，东部大都在 30 千米范围之内，西部稍深，有的可达 40 ～ 50 千米，在喜马拉雅山北麓一带有的深达 60 ～ 70 千米。总体上看，我国的深、中源地震仅分布于环太平洋地震带和地中海—喜马拉雅地震带上。它们都处于不同板块相互交接部位，现代构造运动强烈，能影响到上地幔之中，而分布最广、为数最多的浅源地震大都在 50 千米以内（即在地壳范围之内），它们与地质构造，尤其同活动断裂构造有着更密切的联系。我国近年来所发生的破坏性地震，其震源深度都是不超过 30 千米的浅源地震。

3. 我国地震的划分

我国根据地震历史、地震活动性、地质构造、地球物理场变化特征等资料，运用综合概率方法编制出了我国地震区带划分。我国地震主要分布在五大地区的23条地震带上。

①台湾省及其附近海域；②西南地区，主要是西藏、四川西部和云南中西部；③西北地区，主要在甘肃河西走廊、青海、宁夏、天山南北麓；④华北地区，主要在太行山两侧、汾渭河谷、阴山至燕山一带、山东中部和渤海湾；⑤东南沿海的广东、福建等地。

"西北地震区"西北地区包括兴都库什山、西昆仑山、阿尔金山、祁连山、贺兰山至六盘山、龙门山、喜马拉雅山及横断山脉东翼诸山系所围成的广大高原地域。涉及到青海、西藏、新疆、甘肃、宁夏、四川、云南全部或部分地区，以及原苏联、阿富汗、巴基斯坦、印度、孟加拉、缅甸、老挝等国的部分地区。该地震区是我国最大的一个地震区，也是地震活动最强烈、大地震频繁发生的地区。据统计，这里8级以上地震发生过9次；7～7.9级地震发生过78次。均居全国之首。

"华北地震区"华北地区包括河北、河南、山东、内蒙古、山西、陕西、宁夏、江苏、安徽等省的全部或部分地区。在五个地震区中，它的地震强度和频度仅次于"青藏高原地震区"，位居全国第二。由于首都圈位于这个地区内，所以格外引人关注。据统计，该地区有据可查的8级地震曾发生过5次；7～7.9级地震曾发生过18次。加之它位于我国人口稠密、大城市集中、政治和经济、文化、交通都很发达的地区，地震灾害的威胁极为严重。

此外，"新疆地震区"、"台湾地震区"也是我国两个曾发生过8级地震的地震区。这里不断发生强烈破坏性地震也是众所周知的。由于新疆地震区人烟稀少、经济欠发达，尽管强烈地震较多，也较频繁，但多数地震发生在山区，造成的人员和财产损失与我国东部几条地震带相比，要小许多。

值得一提的是"华南地震区"的"东南沿海外带地震带"，这里历史上曾发生过1604年福建泉州8.0级地震和1605年广东琼山7.5级地震。但从那时起到现在的300多年间，无显著破坏性地震发生。

前面提到的是地震区的划分，接下来了解前面提到的23条地震带。

这23条地震带是：郯城—庐江带；燕山带；山西带；渭河平原带；银川带；六盘山带；滇东带；西藏察隅带；西藏中部带；东南沿海带；河北平原带；河西走廊带；天水—兰州带；武都—马边带；康定—甘孜带；安宁河谷带；腾冲—澜沧带；台湾西部带；台湾东部带；滇西带；

塔里木南缘带;南天山带;北天山带。

4. 我国地震的特征

基于地质构造的活动特点,加之我国特殊的自然条件、社会条件及历史因素,我国的地震灾害具有如下特征:

1) 震灾频次高

我国地处世界二大地震带的交汇部位,有明显较高的地震活动性。到本世纪初,仅大陆地区(不含台湾省)7级地震平均0.7次/年,6级地震平均4.4次/年,5级地震为20次/年。由于地震频度高,加之不少地区房屋建筑物抗震性能较差,地震的成灾率亦较高。据不完全统计,我国大陆地区 $M \geqslant 5$ 级地震,成灾的有720多次,平均每年7~8次,其中5级地震的成灾率为1/3。

2) 灾情重

我国大陆地震一般震源较浅,大都在地壳内10~25千米左右,破坏性强,更由于历史原因,居民用房的抗震能力普遍低下,所以,近震4.5级以上、远震6级以上就会造成倒房,致人伤亡。如1974

年4月22日江苏溧阳5.5级地震,倒房1万余间,死亡8人,214人受伤;1995年7月22日甘肃永登5.8级地震,死亡12人,伤60余人。更有甚者,1995年1月4日的广西大化地震,震级仅3.8,但因震源深度小,只2.5千米,因而造成倒房1 100多间的损失。2008年5月12日四川汶川大地震,8级强震重创约50万平方千米的中国大地, 导致69 227人遇难,374 643人受伤,17 923人失踪,造成巨大的经济损失。

如果强震发生在居民较稠密的地区、城市附近,或是发生类似于唐山地震那样的城市直下型地震,必将造成大量人员伤亡和重大经济损失。迄今全世界造成死亡人数在20万人以上的地震共8次,我国占4次。1900—1980年80年间,全球震灾死亡人数120万,我国死亡61万,占全球死亡人数50%。

3) 严重的次生灾害

在一定的条件下,地震的直接灾害常引发火灾、水灾、滑坡、泥石流、海啸、瘟疫及恐震、盲目避震等物理性、心理性次生灾害,造成比直接灾害严重数倍的损失，此为灾害的续发性。如1786年6月1日四川康定南7.5级地震，大渡河沿岸山崩引起河流壅塞，断流十日后突然溃决，水头高十丈的洪水汹涌而下，淹没十万余民众，为地震—滑坡—水灾灾害链；1556年陕西华县8级地震，震后"疫大作，民工疫饿而死者十之四"，共死亡83万人，为地震—瘟疫；1239年宁夏平罗8级大震，因隆冬时节取暖的炉火被震倒及人员死伤甚多无人救火，致使许多同时起火的火势迅速扩大蔓延，火灾焚毁衣物粮食和地震未倒的房屋，多处大火燃烧了五昼夜方尽，灾民无衣无食无住，造成一大批余生者冻饿而死。地震的次生火灾肆虐，大大加重了地震灾情；江苏溧阳在1974年曾有一次

5.5级地震，倒房1万余间，死亡8人，在群众中造成一定的恐震心理。当五年后1979年7月9日再次发生6次地震时，恐震心理导致部分群众震时慌乱、盲目外逃，造成了许多不应有的伤亡，6540名重

伤员中有80%的伤者、41名死亡者中有90%的死者均为盲目外逃时被倒塌的前檐和墙体砸伤或砸死在门口。

4）成灾面积广

一次较大地震，直接灾害发生在震中周围几十或一、二百千米范围。1976年唐山地震震级7.8，震源深度11千米，极震区烈度造成严重破坏（大多数房屋遭破坏，甚至倒塌，造成大量人员伤亡）烈度达到9度的地区面积达1800平方千米。唐山地震使百千米之外的天津达8度破坏，造成直接经济损失60亿元，使200千米外的北京烈度为6度，老旧建筑物遭不同程度破坏；1966年邢台地震震级6.8～7.2，震源深度9千米，极震区烈度10度，9度区面积约1600平方千米；1970年通海地震，震级7.7，震源深度12千米，极震区烈度10度，9度区面积约700平方千米。

在一般居民区，烈度达7度即可造成较明显的灾害，在房屋建筑物抗震性能较差的地区，烈度6度就可能造成一定程度的破坏。按1990年新的地震烈度区划图，烈度≥6度的区域覆盖我国国土总面积的79%，烈度≥7度的区域覆盖国土面积的41%。这是不容忽视的重要现实。

5）突发性

地震的孕育是缓慢的，但地震发生却是突然的，在几秒到一、二十秒的时间内足以使一座城市被彻底摧毁，成为一片废墟。经验表明，地震的突发性是造成人员伤亡最重要的原因。

6）周期性

地震活动的周期性决定地震灾害也呈现一定的周期。1966－1976年十年间连续发生了邢台、海城、唐山、龙陵等7级以上地震共14次，造成27万人死亡和数百亿元的经济损失。这大致相当于我国大陆的第四个地震活跃期。现在，我国大陆正处于本世纪来以来的第五个地震活跃期，即我国大陆进入了地震灾害的一个频发时段。

7）明显的地区差异

我国西部地区地震活动相对较强，东部地区相对较弱，但东部地区的人口密度大于西部，且东部地区多冲积平原，所以震灾东部重而西部轻。1906年新疆玛纳斯8级地震，死亡300人，伤1000人。发生在东部地区的1966年邢台6.8、7.2级地震，死亡8000人，伤3800人。更有江苏溧阳1974年4月22日发生的5.5级地震，倒房1万间，8人死亡。

8) 强烈的社会性

地震作为一种自然灾害，震撼了大地，也震动了人们的心，给人类社会带来十分广泛而深刻的影响，引起一系列社会问题。如唐山地震后，地震谣言、谣传此起彼伏，我国东部地区大范围内群众产生普遍的恐震心理，在长达半年多的时间里，很多人不敢进屋居住，最多时约有四亿人住进防震棚，打乱了正常生产、工作和生活的秩序，给国家经济生活造成重大影响。山区农村文化教育水平偏低，在一些交通闭塞地区，防震减灾意识几乎为零，因而个别地区封建迷信活动伺机兴风作浪。1976年8月27日，四川省安县红光村的反动会道门制造地震谣言，蛊惑群众，造成61人集体投水，41人溺水死亡。

9）灾害程度与防灾意识有关

　　众多震害事件表明，在地震知识较为普及、有较强防灾意识的情况下，可大幅度减少地震发生后造成的灾害损失；相反，则会明显加重灾情，并造成很多本不该发生的或完全可以避免的人身伤亡。1994年9月16日，台湾海峡发生7.3级地震，粤闽沿海震感强烈，伤

800多人，死亡4人。此次地震，本不该出现伤亡，伤亡者中的90%是因缺乏地震知识，震时惊慌失措、争先恐后、拥抢奔逃致伤、致死。如广东潮州饶平县有两个小学，因学生在奔逃中拥挤踩压，致伤202人，死1人；同次地震，在福建漳州，中小学校都设有防震减灾课，因而临震不慌，同学们在老

师指挥下迅速避震于课桌下，无 1 人伤亡。

5. 我国西部地震强的原因

印度板块、太平洋板块、菲律宾海板块与欧亚板块的相互作用及欧亚板块内的深部动力作用，造就了我国大陆不同类型的活动构造，控制着中国大陆强震的空间分布格局，使我国大陆被巨大的活动断裂切割成不同级别的活动地块。

我国境内的强震绝大多数是震源深度不到 70 千米的浅源地震，它的空间分布很不均匀。如果我们以东经 107 度为界，将中国大陆分为东、西两部分，那么西部 6 级以上强震的年活动速率是东部的 7 倍，由此我们可以明显地看出西部强、东部弱的特征。为什么我国西部的强震活动如此强烈，如此集中呢？这与它所处地理位置和构造环境有关。

西部地区主要有拉萨、羌塘、柴达木、祁连、川滇、塔里木、天山、准噶尔等地块。这些地块之间的边界带，是宽度变化不同、几何结构各异的变形带或构造活动带。欧亚板块与印度板块这两个大

陆板块之间的强烈碰撞俯冲，不但在其边缘形成了雄伟的喜马拉雅山系，引起青藏高原地区地壳缩短、增厚、强烈隆起并作顺时针方向的扭动，而且还出现了以青藏高原为中心的向东、向东南和向北的扇形辐射状作用，从而使地块之间产生相对运动和构造变形。如由于受到印度板块以60毫米/年左右的速率向北运动的作用，塔里木地块以平均14毫米/年左右的速率向北运动挤压天山山脉；柴达木地块除了本身发生褶皱外，还向北东以18毫米/年左右的速率运动；川滇菱形地块以10毫米/年左右的速率向南东方向运动。这种持续而强烈的作用正是形成我国西部地区地震如此强烈、如此集中的根本原因。我国80%以上的强震都发生在这些活动地块的边界带上。正因如此，我国西部成为世界上大陆地震最强、最集中的地区之一。

地震的直接灾害和次生灾害

强烈的地震会严重破坏环境，也会给人类的生命和财产造成巨大的损失。我们把由地震引起的灾害，统称为地震灾害，简称震害。震害又可分为直接震害和间接震害两大类。间接灾害又可分为地震次生灾害和地震延伸灾害或者衍生灾害。

1. 地震直接灾害

地震直接灾害主要有：房屋倒塌和人员伤亡，铁路、桥梁、码头、公路、机场、水利水电工程、生命线工程等工程设施遭破坏，喷沙冒水、地裂缝等对建筑物、农田和农作物等的破坏。一般来说，直接地震灾害是地震灾害的重要组成部分。大震，特别是发生在城市和其他工程设施、人口高度密集地区的地震，可能造成数以万计的人员伤亡，有时甚至毁灭整个城市。例如，1976年7月28日河北唐山发生的7.8级大地震，使整个唐山市变成一片废墟，共死亡24.2万人，经济损失高达100亿元。2008年5月12日发生的四川汶川大地震，直接灾害也很严重。

2. 地震次生灾害

1）火灾

地震时很容易引起火灾。1923年日本关东大地震，大约死亡10万人，其中东京就有4万多人是被大火烧死。房屋被震倒25万间，而被烧毁的房间有45万间左右。

2）海啸

某些地震还会引发海啸，而且破坏力还相当严重。例如1896年日本三陆近海地震伴生的海啸，形成几十米高的海浪冲上陆地，把正在欢度节日的人们连同他们的房屋一起卷走。据统计，这次海啸使27 122人丧命。

地震海啸不仅会对震中区附近地区造成严重破坏，有时还会波及几千米以外的地区，使人难以预防。例如1960年智利发生的8.9

级大地震，就使遥远的美国和日本也遭到相当大的破坏。这次地震引起的海啸，浪高 20 米左右，一直波及到日本，将一条渔船推到岸上压塌了一栋民房。

造成最大灾难的地震海啸应属 2004 年发生在印度尼西亚海域的 8.9 级大地震引发的海啸。海啸波及整个印度洋沿岸，造成包括印度、印度尼西亚、泰国、斯里兰卡、马来西亚、孟加拉国、缅甸、马尔代夫等国 30 多万人丧生。

3）水灾

地震水灾造成的危害虽然比不上火灾、海啸那么严重，但也不可低估。1933 年 8 月 25 日四川叠溪发生的 7.5 级地震所带来的水灾，便是一例。地震时附近发生山崩，坠落的土石堵塞岷江，江中形成三条大坝，坝高在百米以上，江水断流达 45 天，水在坝前形成三个

"地震湖"。再加上连降暴雨，湖水越积越高，到10月9日下午大坝溃决，60米高的水头汹涌而下，洪水洗劫了下游两岸。以灌县为例，就冲毁良田600多公顷，死亡数人。

4）瘟疫

地震后经常会有瘟疫（如痢疾、伤寒等）流行。例如1668年我国郯城大地震，人们遭到房屋倒塌之害，"其时死尸遍四野"，震后由于地下水污染严重，致使瘟疫流行，灾民痛不欲生。

5）火山爆发

有些大地震发生后，会触发活火山爆发，从而加重了受灾程度。

6）危险品爆炸

地震破坏区如果存有危险品，地震时可能会发生爆炸，造成火灾等。

7）毒气泄漏

地震破坏区如果有大量毒气（如工厂中某些生产气体），地震时就容易发生毒气泄漏的情况，给人民生命财产造成更为严重的损失和危害。

8）滑坡和崩塌

这类地震次生灾害主要发生在山区和塬区。地震发生时会引起强烈震动，使得原来就不稳定的山崖或塬坡发生崩塌或滑坡。这类灾害虽是局部的，但常常是毁灭性的，使整村或整户的人、财全被埋没。

此外，泥石流、地裂、地面塌陷、喷沙冒水、地面变形等也都是地震的次生灾害，它们都可能造成人员伤亡，破坏建筑物，破坏交通运输，毁坏农田等。因此，在预防地震的同时，还要预防地震可能引起的各种次生灾害。

影响地震灾害大小的因素

不同地区发生的震级大小相同的地震，所造成的破坏程度和灾害大小是很不一样的，这主要受以下因素的影响：

1. 地震震级和震源深度

震级越大，释放的能量也越大，可能造成的灾害当然也越大。在震级相同的情况下，震源深度越浅，震中烈度越高，破坏也就越强。一些震源深度特别浅的地震，即使震级不太大，也可能造成"出乎意料"的破坏。

2. 场地条件

场地条件主要包括土质、地形、地下水位和是否有断裂带通过等。一般来说，土质松软、覆盖土层厚、地下水位高，地形起伏大、有断裂带通过，都可能使地震灾害加重。所以，在进行工程建设时，应当尽量避开那些不利地段，选择有利地段。

3. 人口密度和经济发展程度

地震如果发生在没有人烟的高山、沙漠或者海底，即使震级再大，也不会造成伤亡或损失。1997年11月8日发生在西藏北部的7.5级地震就是这样的。相反，如果地震发生在人口稠密、经济发达、社会财富集中的地区，特别是在大城市，就可能造成巨大的灾害。

4. 建筑物的质量

地震时房屋等建筑物的倒塌和严重破坏，是造成人员伤亡和财产损失最重要的直接原因之一。房屋等建筑物的质量好坏、抗震性能如何，直接影响到受灾的程度，因此，必须作好建筑物的抗震设防。

5. 地震发生的时间

一般来说，破坏性地震如果发生在夜间，所造成的人员伤亡可能比白天更大，平均可达3至5倍。

唐山地震伤亡惨重的原因之一正是由于地震发生在深夜3点42分，绝大多数人还在室内熟睡。如果这次地震发生在白天，伤亡人数肯定要少得多。有不少人以为，大地震往往发生在夜间，其实这是一种错觉。统计资料表明，破坏性地震发生在白天和晚上的可能性是差不多的，二者并没有显著的差别。如2008年5月12日发生在我国四川汶川的大地震就发生在白天。

6. 对地震的防御状况

破坏性地震发生之前，人们对地震有没有防御，防御工作做得好与否将会大大影响到经济损失的大小和人员伤亡的多少。防御工作做得好，就可以有效地减少地震灾害所造成的损失。

地震的预防

DIZHEN DE YUFANG

第**2**章

地震的前兆

地震前兆是指地震前岩体在地应力作用下，在应力应变逐渐积累、加强的过程中，会引起震源及附近物质发生物理、化学、生物和气象等一系列异常变化。这些与地震孕育、发生有关联的异常变化现象称为地震前兆（也称地震异常）。它包括地震微观异常和地震宏观异常两大类。

1. 地震的宏观前兆

我国古代先民在长期实践中，早就认识到地震是有前兆的，并留下了丰富的关于地震前兆的记载。

地震宏观前兆也称为地震宏观异常，通常是指人们能直接观察到的一些自然界的反常现象。比如花草树木不合时节的开花结果，动物行为和习性异常，晴天却出现了与雷云闪电不同的彩色光像，井水、泉水、河水等出现异常涨落变化，天气气候变化反复无常，地下传来隆隆巨响声等。引起地震宏观异常的因素有很多，地震的孕育和发生就是一个非常重要的因素。接下来我们来了解有哪些常见的地震宏观前兆。

1）动物异常

在美丽而神奇的自然界中，生活着各种各样的动物。这些动物以各自的生活方式和特性生活在这个世界上。当地震这种自然灾害向人类发起进攻的时候，很多动物就成为人类的"盟友"，告诉人们地震就要来了，赶快躲到安全的地方。据统计，目前在地震来临前有异常反应的动物种类大约有130种，反应比较准确的有20多种。这些动物包括各种鱼类、鸟类、爬行类和哺乳类动物。地震来临前不同种类动物所表现的异常如下：

无脊椎动物：水生无脊椎动物在地震来临前有上浮、靠岸和活动加剧等异常反应，例如螃蟹。穴居无脊椎动物在地震来临前有出洞、群集、搬家等异常反应，例如蚂蚁。能飞翔的无脊椎动物在地震来临前有成群迁飞和大量出现等异常反应，例如蜜蜂。

鱼类：鱼类在地震来临前有发出尖叫、翻腾跳跃或昏迷不动甚至死亡等异常反应。

两栖类：蟾蜍和青蛙如果在冬眠季节，在地震来临前有提早出洞的现象；如果在活动季节，在地震来临前有成群迁移或鸣叫、痴呆、上树爬高、雨后不鸣等异常。

爬行类：蛇，地震来临前，如果在冬季可能出洞，乱爬乱窜；如果在活动季节，常常会出现集群一处盘曲不动的异常反应。

鸟类：鸽、鹅、燕、鸡、鹰、麻雀、海鸥等，在地震来临前有惊恐不安、乱叫、惊飞、攀高、不进窝或呆痴、群集惊飞等异常反应。

哺乳类：大牲畜，如马、牛、骡、驴等，震前有不喜进食、焦躁不安、嘶叫、乱跑、俯地不动、不愿进厩等异常反应。狗在地震来临前白天黑夜无目标连续狂叫

或搬家或扒地或发疯似地乱跑，甚至咬主人。羊、猪震前不进圈、不吃食、烦惊不安。猫震前惊惶不安，发痴或惨叫，紧跟主人，见鼠都不捉。老鼠在地震来临前如醉如痴、不怕人，甚至不怕猫，成群结对出洞乱跑。

人们在同地震灾害作斗争的长期实践中，总结出了下列异常预报地震的谚语：

群测群防搞预报，动物异常很重要。
牛马驴骡不进厩，猪不吃食拱又闹。
羊儿不安惨声叫，兔子竖耳蹦又跳。
狗上房屋狂吠嚎，家猫惊闹往外逃。
鸡不进窝树上栖，鸽子惊飞不回巢。
老鼠成群忙搬家，黄鼠狼子结队跑。
冰天雪地蛇出洞，冬眠动物复苏早。

蜻蜓大群定向飞，蜜蜂群迁跑光了。
青蛙蟾蜍闹无声，鱼翻白肚水上跃。
野鸡乱飞怪声啼，蝉儿下树不鸣叫。
园中虎豹不吃食，熊猫麋鹿惊惶嚎。
大鲵上岸哇哇哭，金鱼出缸笼鸟吵。
人人观察找前兆，综合分析排干扰。
方法简单效果好，家家户户能做到。

2）植物异常

植物在地震来临前也有很多不可思议的异常现象，主要表现为：很多植物提前或者在冬天就发芽开花，有的植物会大面积地枯萎死亡或者异常地繁茂等。

经科学家研究发现，地震来临前，含羞草有反常现象，白天的时候它的叶子是紧闭着的，夜晚的时

候，叶子半张半开。当地震发生的时候，叶子全部张开。日本科学家经过 18 年的研究确认，含羞草叶子出现异常的张开关闭的状态是地震的前兆。不过，并不是含羞草所有的叶子闭合异常状态之后，都会发生地震。因为出现异常的原因很复杂，所以不能轻易下结论，还要结合地震其他前兆进行进一步的研究确认。不过地震前有些植物会产生异常现象，这是不容置疑的。

如果发现了异常的自然现象，要向政府或者地震部门报告情况，让专业人员调查核实，弄清楚事情的真相。不要惊慌失措，更不要轻易做出很快要发生地震的结论，避免造成不必要的恐慌。

3）气象异常

人们常形容地震预报科技人员是"上管天，下管地，中间管空气"，这的确有道理。地震之前，气象也常常出现反常。主要有震前闷热，人焦灼烦躁，久旱不雨或霪雨绵绵，黄雾四塞，日光晦暗，怪风狂起，六月冰雹等等。如：浮云在天空呈极长的射线状，射线中心指向的位置就是中心地震的位置，这样的射线云层很容易被人们观察到。这就涉及到一个现象——地震云。

云是大地的脸，它不

会撒谎。研究者把在辽阔的天空出现的与地震有关的、与一般的云有着明显区别的、最大特点是"奇"的云称为地震云。据报道，地震云出现的时间以早上和傍晚居多，其分布方向往往同震中垂直；目测估计其高度可达 6 000 米以上，相当于气象云中高云类的高度；其形态各异，常见的有条带状地震云（很像飞机的尾迹，不过更加厚实和丰满些）、辐射状地震云（数条带状云同时相交在一点，犹如一把没有扇面的扇骨铺在空中）、条纹状地

震云（形似人的两排肋骨）。研究者们根据长期观测结果认为：地震云持续的时间越长，则对应的震中就越近；地震云的长度越长，则距离发生地震的时间就越近；地震云的颜色看上去越令人恐怖，则所对应的地震强度就越强。例如：寿仲浩（一个专门利用地震云进行地震预报的专家）曾于 1994 年 1 月 8 日上午 7 点半（当地时间），在美国加州天空中发现了一朵形似羽毛的云彩（地震云），综合分析判定 1 月 12 日至 27 日在南加州帕萨迪纳

西北将有一次6级以上的大地震。结果在17日凌晨4点30分真的在那儿发生了7.0级地震！据报道，在唐山地震前也曾出现过地震云，1976年7月28日，唐山7.8级强烈地震发生前一天傍晚，日本真锅大觉教授发现天空出现了一条异常的长条彩云，并用相机拍摄下来。经研究，这种异常的长条云，就是唐山地震的前兆——地震云。

目前，有关地震云形成原因有两种学说，一是热量学说，即在地震将发生时，因地热聚集于地震带，或因地震带岩石受强烈应力作用发生激烈摩擦而产生大量热量，这些热量从地表面逸出，使空气增温产生上升气流，这气流于高空形成"地震云"，云的尾端指向地震发生处。二是电磁学说，认为地震前岩石在地应力作用下出现"压磁效应"，从而引起地磁场局部变化；地应力使岩石被压缩或拉伸，引起电阻率变化，使电磁场有相应的局部变化。由于电磁波影响到高空电离层而出现了电离层电浆浓度锐减的情况，从而使水汽和尘埃非自由地有序排列行成了地震云。

4）地下水异常

埋藏在地壳上部岩层即岩石圈中的水称为地下水。如我们日常见的井水、泉水。地震来临，地下水的变化是多种多样的，一般说来，水位升降变化比较普遍。此外，物理性质和化学组成改变的现象也很多。例如井水、河水、泉水、湖水等陡涨、陡落和泉水、井水等发浑、升温、变味、变色，井水冒泡、翻花等。

5）地声异常

地声异常是指地震前来自地下的声音。其声有如炮响雷鸣，也有如重车行驶、大风鼓荡等多种多样。当地震发生时，有纵波从震源辐射，沿地面传播，使空气振动发声，由于纵波速度较大但势弱，人们只闻其声，而不觉地动，需横波到后才有动的感觉。所以，震中区往往有"每震之先，地内声响，似地气鼓荡，如鼎内沸水膨涨"的记载。如果在震中区，3级地震往往可听到地声。地声是由于地震来临前地下岩石产生的大量裂缝和错位，而发出的高频地震波，是地下岩石的结构、构造及其所含的液体、气体运动变化的结果，有相当大部分地声是临震征兆。仔细辨别就会发现地声和城市里的噪声完全不同。

掌握地声知识就有可能对地震起到较好的预报预防效果。

6）地光异常

地光异常指地震前来自地下的光亮，其颜色多种多样，可见到日常生活中罕见的混合色，如银蓝色、白紫色等，但以红色与白色为主；其形态也各异，有带状、球状、柱状、弥漫状等。一般地光出现的范围较大，多在震前几小时到几分钟内出现，持续几秒钟。中国海城、龙陵、唐山、松潘等地震时及地震前后都出现了丰富多彩的发光现象。地光多伴随地震、山崩、滑坡、塌陷或喷沙冒水、喷气等自然现象同时出现，常沿断裂带或一个区域作有规律的迁移，且与其他宏观微观异常同步，其成因总是与地壳运动密切相关。由于受地质条件及地表和大气状态控制，地光也能对人或动、植物造成不同程度的危害。人们所掌握的地光异常报告，都在震前几秒钟至1分钟左右。如海城地震，澜沧、耿马地震等都搜集到了类似的报告。

7）地气异常

地气异常指地震前来自地下的

雾气，又称地气雾或地雾。这种雾气，具有白、黑、黄等多种颜色，有时无色，常在震前几天至几分钟内出现，常伴随怪味，有时伴有声响或带有高温。

8）地动异常

地动异常是指地震前地面出现的晃动。地震时地面剧烈振动，是众所周知的现象。但地震尚未发生之前，有时也感到地面晃动，这种晃动与地震时不同，摆动得十分缓慢，地震仪常记录不到，但很多人可以感觉得到。最为显著的地动异常出现于1975年2月4日海城7.3级地震之前，从1974年12月下旬到1975年1月末，在丹东、宽甸、凤城、沈阳、岫岩等地共出现过17次地动。

9）地鼓异常

地鼓异常指地震前地面上出现鼓包。1973年2月6日四川炉霍7.9级地震前约半年，甘孜县拖坝

区一草坪上出现一地鼓，形状如倒扣的铁锅，高20厘米左右，四周断续出现裂缝，鼓起几天后消失，反复多次，直到发生地震。与地鼓类似的异常还有地裂缝、地陷等。

10）电磁异常

电磁异常是指地震前家用电器如收音机、电视机、日光灯等出现的异常现象。最为常见的电磁异常是收音机失灵，北方地区日光灯在震前自明也较为常见。1976年7月28日唐山7.8级地震前几天，唐山及其邻区很多收音机失灵，声音忽大忽小，时有时无，调频不准，有时连续出现噪音。同样是唐山地震前，市内有人见到关闭的荧光灯夜间先发红后亮起来，北京有人睡前关闭了日光灯，但灯仍亮着不息。电磁异常还包括一些电机设备工作不正常，如微波站异常、无线电厂受干扰、电子闹钟失灵等。

地震宏观异常在地震预报尤其是短临预报中具有重要的作用，1975年辽宁海城7.3级地震和1976年松潘、平武7.2级地震前，地震工作者和广大群众曾观察到大量的宏观异常现象，为这两次地震的成功预报提供了重要资料。不过也应当注意，上面所列举的多种宏观现象可能由多种原因造成，不一定都是地震的预兆。例如：井水和泉水的涨落可能和降雨的多少有关，也可能受附近抽水、排水和施工的影响，井水的变色变味可能因污染引起，动物的异常表现可能与天气变化、疾病、发情、外界刺激等有关，还要注意不要把电焊弧光、闪电等误认为地光，不要把雷声误认为地声，不要把燃放烟花爆竹和信号弹当成地下冒火球。

2. 地震的微观前兆

地震的微观前兆是指人类的感官无法察觉，只有用专门的仪器才能测量出来的地震前兆。地震的微观前兆主要包括以下几类：

1）地形变异常

大地震发生前，震中附近地区的地壳可能发生微小的形变（升降、错位等），某些断层两侧的岩层可能出现微小的位移，当然这种十分微弱的变化用肉眼无法看到，借助于精密的仪器，可以测出这种十分微弱的变化，分析这些资料，可以帮助人们预测未来大震的发生。1996年2月3日云南丽江7.0级地震前，距丽江75公里的永胜地形变观测站记录到了地壳的形变。

2）地震活动异常

大小地震之间有一定的关系，研究中小地震活动的特点（地震活动分布的条带、空区集中、地震频度、能量、应变、b值、震群、前震、地震波速、波形、应力降等），有可能帮助人们预测未来大震的发生。例如：1975年2月4日19时36分，辽宁海城7.3级强烈地震前4天左右时间，在距该台20千米的地方，发生中小地震500多次，最大地震4.7级；地震的活动范围在距震中5千米以内；且在大震前12小时出现小震平静现象，表现出明显的密集—平静—地震发生的阶段性特征。1999年11月29日12时10分，辽宁省岫岩5.4级地震前，小震密集活动3天左右。11月9日至28日14时地震目录共233条，最大4.1级。27日晚18时开始至28日14时，只发生小震7次。同样出现明显的密集—平静—地震发生的阶段性特征。

3）地下流体的变化

地下水（泉水、井水、地下层中所含的水）、天然气和石油、地

下岩层中产生和贮存的其他气体，这些都是地下流体。用仪器测量地下流体的化学成分和某些物理量，然后研究它们的变化，可以帮助人们预测未来大地震的发生。

4）地球物理变化

众所周知，地震是发生在地壳内的，地震的能量是由地球岩石层的构造运动、地幔物质的迁移、地核高压高温物质的热运动所提供的；地震断层发生错动的前前后后，也必然伴随大量的地球物理场的剧烈变化。所以，在地震孕育过程中，震源区及其周围岩石的物理性质都可能出现一些相应的变化。利用精密仪器测定不同地区的地球物理场（重力、地电、地磁）或岩石物理性质的时空变化，并研究其时空演化规律，也可以帮助人们预测地震。

据记载，1855年日本江户（今东京）大地震发生的当天，位于江户闹市区的一个眼镜铺里，吸到大磁铁上的铁钉及其他铁制商品（用以招揽顾客），突然掉落在地。随

后两小时，一次破坏性大地震发生了，震撼了整个市区。地震过后，那块磁铁又恢复了往日的吸铁功能。1872年12月15日印度发生地震前，巴西利亚至伦敦的电报线上出现了异常电流；1930年日本北伊豆地震时，电流计也记到了海底电线上的异常电流。

近代的记录就更多。1970年1月5日，在云南通海发生7.8级大地震前，震中区有人发现收音机

在接收中央人民广播电台的广播时，忽然音量减小，声音嘈杂不清，特别是在震前几分钟，播音直接中断。1973年2月6日四川炉霍7.9级地震之前，县广播站的人发现，在震前5—30分钟，收音机杂音很大，无法调试，接着就发生了大地震。1975年2月4日19时36分，辽宁海城7.3级强烈地震前，海城地震站发现记录地球电场变化的仪器在2月4日2时25分记录指针出现较大幅度的突跳信号，在13时50分至14时，记录指针又连续突跳6次，幅度很大，并已经出格；同时记录指针发出"嚓嚓"的划纸声。1976年唐山地震前两天，距唐山200多公里的延庆县测雨雷达站和空军雷达站，都连续收到来自京、津、唐上空的一种奇异的电磁波。因此，观测电磁场的变化也成为预报地震的主要手段之一。

地震的监测和预报

1. 地震预测难的原因

人类社会发展到今天，可以乘飞机、飞船在太空中遨游，登上距地球38.4万千米的月球；利用太空望远镜可以直接观测到遥远的行星。但是，在地球内部，只能活动在几米深的地下商城；深入到几十米的设施、数千米的矿井。人们能到月球上取回岩石，但还无法得到地球内部数十千米深的岩石。可谓是上天容易入地难。

准确向人类预警可能发生的地震，包括两个密切相连的环节——地震预测和地震预报。地震预测是根据所认识的地震发生规律，用科学方法对未来地震发生的时间、地点和强度做预先估计。地震预报则是在具备一定可靠程度的前提下，由权威部门把地震预测的意见向公众宣布。有实用价值的地震预报必须同时报出时间、地点和强度。地震预测是二战结束后开展的探索性研究项目，特别是中、短期或临震前的预测至今还处于探索阶段，远没有达到可以实用的程度。

地震预测的科学前提，是认识地震孕育和发生的物理过程，包括地球介质物理、力学性质的异常变化。但人类对地震成因和地震发生的规律还知之甚少，主要是因为地震是宏观自然界中大规模的深层变动过程，其影响因素过于复杂，有众多未知因素存在。人们所能做的是在地面上观测某些物理量如地震波等，但这种观测通常是非常不完善的。在地表所能观测到的物理量异常变化，是否与地震的发生真正相关往往不能确定。这就是地震预测研究进展缓慢的真实原因。

目前地震预测研究有三种不同的思路：

1）从地质结构上判断地震

地震发生在地壳中上层，研究已发生的大地震的地质构造特点，应有助于今后判定何处具备发生大地震的地质背景。但有些地震发生前，其地质构造往往不明朗，震后才发现有某个断层，才认为与地震有关。

2）从统计概率中推算地震

对过去已发生的地震，运用统计方法，从中发现地震发生的规律，特别是时间序列

的规律，根据过去以推测未来。此法把地震问题归结为数学问题，因需要对大量地震资料作统计，研究的区域往往过大，所以判定地震的地点有困难，而且概率推算很难准确。

3）从"异象"中得出地震先兆

观测地球物理场的各种参数，以及地下水甚至某些动植物等的异常变化（可称为"异象"），可能找到有用的地震前兆。前兆研究中的最大困难是，观测中常遇到各种天

然的和人为的干扰，而所谓的前兆与地震的对应往往是经验性的，人类还没有找到一种普遍适用的可靠前兆。几乎每次地震发生后，都有人说感觉到了地震前的"异象"，这只能是"事后诸葛亮了"。2008年5月12日汶川地震前，《华西都市报》5月8日曾报道，7日上午，四川绵竹城区上万只蟾蜍集体大迁移，持续了两个多小时。当12日的地震发生后，有人就想到蟾蜍"搬家"是否是地震发生的前兆。这有待于专家分析，作出结论。

这三种思路目前都不完善，不能有效地解决地震预测问题。实际预测中采取的是综合的办法，即把三种不同思路所得数据放在一起对比参照，努力对未来的地震活动作出估计。由此可见，预测地震决不是常人想象的那么简单。只有能够做到时间、地点和震级的准确，预测才是有实用性的。而只有在这种预测基础上，政府权威部门才会向公众发出地震预报以及时避险。

目前在世界上，地震预测仍然是一个难题。许多国家能够做到全天候地观测地层变化情况或避开地震高发地带。如在美国加州，随时可以从网上查到加州每天24小时内发生地震的概率；日本则有一个频道实时公布地震实况，让公众根据具体情况，自行采取相应防范措施。但这些只是根据地球内部地震波的活动，来推测出微小地震的发生概率。而完全准确地预测出重大破坏性地震，目前仍然做不到。

2. 地震观测的发展历程

地震观测是指用地震仪器记录天然地震或人工爆炸所产生的地震波形，并由此确定地震或爆炸事件的基本参数（发震时刻、震中经纬度、震源深度及震级等）。地震观测之前有一系列的准备工作，如地震台网的布局，台址的选定，台站房屋的设计和建筑，地震仪器的安装和调试等。仪器投入正常运转后，便可记录到传至该台的地震波形（地震图）。对地震图加以分析，识别出不同的震相（波形），测量出它们的到达时刻、振幅和周期，就可以利用地震走时表等定出地震的基本参数。将所获得的各次地震的参数编为地震目录，定期以周报、月报或年报的形式出版，成为地震观测的成果，也是地震研究的基本资料。

公元138年，中国东汉时期的科学家张衡设置在洛阳的一台候风地动仪检测到了一次发生在甘肃省内的地震。这是人类历史上第一次用地震仪器检测到地震。1889年英国地震学家米尔恩（J. Milne）和物理学家尤因（J. A. Ewing）安置在德国波茨坦的现代地震仪记录到了发生在日本的一次地震，获得了人类历史上第一张地震图。

从20世纪60年代初期开始，美国大地和海岸测量局（USCGS）设置了120个分布在世界各地的标准化仪器台站，称为世界标准地震台网（WWSSN）。随后，世界上的多震国家也陆续建立了尺度不同的地震台网。国际地震学中心在全球范围内收集和整理地震台的观测数据，把来自世界各地约850个地震台观测数据用计算机测定地震

基本参数，并编辑出版《国际地震中心通报》（BISC）。随着微电子技术的不断发展，从20世纪70年代开始，地震观测系统采用了将接收信号数字化后进行记录的方式。由

于数字记录地震仪具有动态范围广、分辨率高、易于与计算机联接处理的优点，非常有利于地震数据的快速、自动化处理和对震相的研究。因此，各国的数字地震台站的数量快速增加，使地震观测工作出现了一个新的飞跃。

3. 地震观测系统工作原理

1）地震台网布设

为了研究某一地区的地震活动，可布置一个由几十个至百余个地震台组成的区域台网，各地震台相距数千米，或几十至百余千米。

每个地震台测到的地震信号多是用有线电或无线电方法迅速传至中心记录站，加以记录处理。

如果遇到地下核爆炸侦察这样的特殊任务，可布设一个由几十个地震台组成的、排列形式特殊的台阵，使台阵对某个方向传来的地震波十分敏感，并且还可以抑制噪声。为了在预期将发生地震的地区观测前震和主震以及为了研究大震的余震，还可布设一个由 10 ～ 20 个地震台组成的流动台网或临时台网。如果地震台上无人管理，各台所收到的地震信号会将数字地震信号记录在硬盘上。地震活动平息后，即可转移到其他地区进行观测。

我国多地震的省份都设立了区域地震观测网，目前全国已有20多个基准台参加了国际地震中心的资料交换。

一般认为，研究全球的地震活动应每隔1 000千米左右就要设置一个设备比较完善的地震台。随着数字地震观测仪器飞速的发展，经过国际数字地震台网联合会的协调，目前全球共布设了数百台数字宽频带地震台，其中包括中国和美国合作建设的中国数字地震台网（CDSN）的11个地震台。我国自主建设的国家数字地震台网（NDSN）的75个台站于2000年开始观测。

地震信号记录方式主要有三种。

①可见记录：用一个与地震仪检波器相接的特制笔尖在一张不停地向前运动着的纸上把地震信号记录下来，使观测者可以随时看到记录到的地震波形。

②硬盘或磁带记录：把地震信号用数字或模拟方式记录在硬盘或磁带上。它的优点是容量大，体积小，便于复制、携带和保存。这种记录方式为用电子计算机处理地震图提供了极大的方便。

③照相记录：首先把地动信号转换成电信号，再导入一个镜式灵敏电流计中，供反射光点把地动记录在照相纸上。

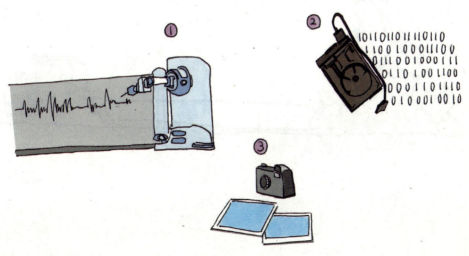

2）时间服务

时间服务是指地震观测系统中的计时工作。在记录地震波形的同时，记录下经过准确测定的震波各个震相的到达时刻，然后才能对地震作进一步研究。为此，要通过一定的装置使记录器与一个计时器相接，在地震图上记下时号、分号和秒号。以前地震台上计时是使用机械钟，现在多采用石英钟，每日误差在几毫秒或几十毫秒之内。通常情况下，数字地震仪采用GPS卫星接收系统校准地震记录中的时间标度，GPS卫星接收系统还可确定地震仪所在的位置（经度、纬度）。

一般计时和计算日序都使用现在通用的世界协调时（UTC）。有时候，为了使监测某地区的地震活动同当地生活日程一致，可以使用地方时。但国际上交换资料时必须一律换算成世界时。

3）地震参数的测定

获得地震图后，就可依据地震波形及其到时来测定地震参数。在对地震图进行分析处理时，首先要根据波形特征和波动持续时间来判断该地震是属于近震，还是远震或极远震。其次根据面波是否发育来判断该地震是属于浅源地震，还是属于中源或深源地震。在此基础上较易于正确地识别各震相。

(1)震中位置的测定

震中距　某点

震中

由多年观测的数据，可把从已知地震的震中至已知地震台的距离Δ（震中距）和各震相从震源传播到各地震台所需的时间（该震相的走时）编列成走时表或绘成一组走时曲线。当发生一个新地震时就可利用某两种波的走时差来求得震中位置。例如，P波的传播速度比S波快，因此P波同S波的到时差愈大，震中距就愈大，即地震愈远。量得了这个到时差S－P，就可以从走时表或走时曲线上查出震中距Δ。另外，把记录到的P波的3个分量的振幅（P波最先到达，且最清楚）除以仪器的放大倍数，折算为地动位移的大小；将3个分量合成地动矢量，即可判明地震波传来的方向。有了距离和方向，即可定出震中位置。仅用一个台的数据所确定的震中位置很不准确，如果用许多台的数据则精度可以提高。例如采用3个台的数据，可以求得3个震中距，以3个震中距为半径，以各台为圆心，则所作的3个圆相交于一点或近似相交于一点，这点即为震中。在较近的距离，还有其他震相可以利用，作图方法也有许

多种。震中距超过1000千米时，便不能把地面视作平面，而必须考虑地面的曲度，必须用球面三角方法来计算震中位置。

上述作图方法虽然直接、简单，但对远震则很不适用，特别是方位如有微小误差，在远处就可能引起很大的误差。现在常用的方法是先假定一个大致的震中位置和震源深度，由此计算出地震波从震源传播至各地震台的走时，并与实际观测值相比较，然后对假定的震中位置和震源深度加以修正，再重复上项计算，如此迭代直至误差小到令人满意为止。此法能尽多地利用各台站的观测数据，所得结果较准确。

(2)发震时刻的测定

震中位置或震中距离测定之后，就可按走时表查出或用公式算出某波的走时，从观测到的该波的到时中减去此值，即得到发震时刻。

(3)震源深度的测定

如果是近震可用作图法测定。从震源到地震台的震源距离D同S波与P波的到时差S－P成正比。

其比值叫虚波速度，即在该区域内 S 波速度的倒数同 P 波速度倒数的差。在不大的范围内其值尚稳定。倘若共有 3 个台观测到某地震，就可以此 3 台为中心，用此 3 台所测到的 S－P 乘以虚波速度为半径，画 3 个向下的"半球面"，此 3 个"半球面"相交之点即为震源。其深度可用简单平面作图法求得。如为远震则不能用此法。远震发出的波有一部分 P 波从震源直接传至地震台，另有一部分 P 波先近乎垂直地传至地面，经反射后再传至地震

台，名 pP 波。因 pP 波与 P 波的到时差是震源深度与震中距的函数，由此即可计算出震源深度。当这类震相辨认不清时，测定震源深度就很困难。

(4)震级测定

地震强弱或大小用震级表示。地震越大，震级数也就越大。地震仪上所记录到的地动位移振幅除了与震级有关外，还同仪器的自然周期和放大倍数、震中距、地震波的传播途径、仪器的安置方式以及台站的地质条件等有关。台站地质条件的影响和传播途径常被视为一种固定的改正值；仪器的安置和性能也是不轻易改变的，故从地震图上量得地震波的最大幅度以后就可以计算震级。近震多是用短周期仪器记录的，测 S 波的最大振幅，除以放大倍数，取其常用对数，再加上改正值就可以得到近震震级 ML。远震则多是测量周期为 20 秒左右的面波振幅除以地震波的周期，取其常用对数，再加上与震中距有关的常数，就可以得到面波震级 MS。深源地震因其面波不发育，计算 S 波或 P 波的水平分量的主振动振幅和

其周期之比，取其常用对数，再加上同震中距有关的常数而得到体波震级，以 MB 表示。这三种震级的定义不同，其间存在着系统性的差异。

4. 地震预测三要素

在地震预报中所必须包括的未来地震的发生时间、地点和震级这三个要素。也称作未来地震发生的时（间）、空（间）、强（度）三要素。是地震预报所要回答的主要问题，也是检验和评定地震预报水平的指标。

1）震级预测

由于地震是震源体应力应变不断积累的结果，地震越大，应力应变积累的强度和时间往往也越大，且震源区体积也越大。这些特点反映在地震前兆上，

则表现为震级大，前兆异常的空间展布范围就大，地震前兆异常的持续时间就长。

2）时间预测

所谓的时间预测是指根据地震前兆的发展过程来判断地震发生的日期。早期的前兆异常通常是渐变的、慢速的趋势性变

化。越接近地震发生，异常变化越激烈，呈现为突发和快速的特点，同时还会出现多种动物习性的宏观异常等。根据这些异常可以把发震时间判断为几个月乃至几天之内。在临震时，还可能观测到地光、地声等。所以根据这些异常的发展过程，可以逐步分析出地震发生的时间。此外，具体发震日期的预测还需要考虑触发因素，如磁暴、节气日、朔望日等。

3）地点预测

从实践经验看，震中及其附近地区是由异常现象显露程度、异常出现的先后以及异常幅度的大小来判断的。一般来说，异常集中程度最高、发育最早和幅度最大的地区往往最接近震中。除此之外，地质构造分析和地震活动中空区、条带等异常图像，都可以为未来地震震中区的预测提供线索。

对地震预测来说，三要素是同等重要的，不应偏颇哪一项。例

如，现今认为的东京大地震，知道了地点和震级，这时时间的预测就显得重要；再如利用某手段或方法知道了震级、时间，这时地点的预测就显得重要；再如利用某手段或方法可以知道某地某段时间有地震，这时震级的预测就显得重要。

5. 我国地震监测预报的历史

我国是世界上大陆地震最为频繁，地震灾害最为严重的国家之一，也是对地震现象记录和研究最早的国家。自公元前 23 世纪（4 300 多

年前）就开始有了地震现象（受灾地点、范围、破坏情况、地震前兆现象、对地震成因和地震预报的探索）的记载，并发明和制造了世界上第一台观测地震的仪器——候风地动仪等等，对地震的观察、记载和研究堪称世界之最。

我国地震预报工作的广泛开展和研究则是从 1966 年河北邢台大地震之后开始的。通过四十多年的研究和实践，我国不仅积累了丰富的地震前兆资料，加深了对地震前兆异常表现特点的认知，而且，摸索出了一套地震预报的思路和程序。继辽宁海城地震成功预报后，我国对中国大陆 28 次地震都做出了一定程度或比较成功的预报，使我国地震预报水平领先世界，成为联合国教科文组织认定的唯一对大地震做出过成功短期临时预报的国家。

我国目前地震预报水平的状况可以概括为：对地震孕育发生的原理、规律有所认识，但还没有完全认识；能够对某些类型的地震做出一定程度的预报，

但还不能预报所有的地震；做出的较大时间尺度的中长期预报已有一定的可信度（准确率大概是30%左右），但短临预报的成功率还相对较低，离社会需求还有很大距离。

回顾我国地震监测预报工作的发展进程，从时间上可大体将其划分为4个阶段。

1）萌芽阶段（1900—1948年）

随着国外地震观测技术的发展及其对中国产生影响的日益增加，一些接受西方教育的专家开展了地震观测、地震考察等工作，并着手建立一批地震台站，利用地震仪器测报地震。如1897年在台南、台中、台东等8个地点建立了区域地震台网。1904—1930年在大陆陆续建立了上海徐家汇、大连、营口、青岛、北京地震台，其中北京鹫峰地震台是1930年我国地震学家李

善邦先生创建的中国第一个地震台，地震仪采用照相记录，记录地震多而准确，并参与国际资料交流。

这一时期，地震学家还开始了地震预报的探索和研究。他们观测到一些地震前的异常现象，开始研究地震发生的时间规律及水位、地倾斜、潮汐和气压变化触发地震问题、地震与纬度变迁的关系、地震与地磁的关系、地震与天文现象的关系、震前动物异常等等。并撰写论文阐述地震的成因、地震的强度和感震区域、前震和余震、地震的预知和预防等问题。

2）初期阶段（1949—1966 年）

这一时期地震学家的主要工作是为地震预报工作的进一步开展奠定初步的基础。特别是由于全球大地震陆续在一些大城市附近发生，造成了程度不等的严重破坏，引起有关国家的政府和科学家对地震问题的重视。

我国首先于 1953 年成立"中国科学院地震工作委员会"，收集、整编中国地震历史资料，出版了两卷《中国地震资料年表》、两集《中国地震目录》，制定了适合中国国情的"地震烈度表"和"历史地震震级表"，并编制了"大地震等震线图"。

其次是在 1957—1958 年我国建立了国家地震基本台网，开展了地震速报业务，并开始了区域地震活动性的研究。首次对新丰江水库进行了地震预报预防研究与实践的

试验，取得了在特定条件下的成功预报，使人们增强了预防意识、看到了地震预报的曙光。

1958年9月中国科学院地震预报考察队赴西北地震现场对地震前兆现象进行调查，总结出来的前兆现象，不仅在当时，而且对以后地震预报工作也有重要科学价值，成为探索短期预报的第一次重要的科学实践。1963年地球物理学家傅承义撰写了《有关地震预告的几个问题》，指出

"预告的最直接标志就是前兆，寻找前兆一直是研究地震预告的一条重要途径"。同时也指出："地震预告是一个极复杂的科学问题"。

3）大发展阶段（1966—1976年）

1966年的邢台地震不仅标志着我国进入了第4个地震活动期（见下表），而且，由于社会、政府和人民的需要，极大地推动了我国地震监测预报工作的发展。

1966—1976年大陆地区发生的7级以上地震

序号	发生时间	震中	震级	预报情况
1	1966年3月22日	河北邢台宁晋县东南	7.2级	
2	1969年7月18日	渤海	7.4级	
3	1970年1月5日	通海	7.8级	
4	1973年2月6日	四川炉霍	7.6级	
5	1974年5月11日	云南大关	7.1级	
6	1975年2月4日	辽宁海城	7.3级	长、中、短、临成功预报
7	1976年5月29日	云南龙陵	7.4、7.3级	
8	1976年7月28日	唐山	7.8、7.1级	
9	1976年8月16、23日	松潘	7.4、7.2级	较成功的短临预报
10	1976年11月7日	四川盐源—云南宁蒗	6.4级	较成功的短临预报

1966年3月8日河北邢台地区隆尧县发生6.8级地震，3月22日又在宁晋县东南发生7.2级地震，这两次产生巨大灾难的地震的发生引起了国家的高度重视，在故周总理的亲临号召下，科学工作者抓住邢台地震现场不放，开展预报实验，边实践、边预报。不仅在现场首次预报了3月26日的6级强余震，而且，在长期的地震预报实践中逐渐建立了地震预报的组织形式与发布程序，为后来的地震预报体制的建立提供了经验；并且初步形成长、中、短、临渐进式预报思路。

1975年2月5日辽宁海城7.3级地震的成功预报实践，不仅大大地激励了中国地震学家的研究热情，也给世界地震学界带来了极大鼓励。同时，也推动了全国范围的地震群测群防活动地广泛开展，使得地震预报事业得到了空前的发展，奠定了地震监测手段和预报方法的研究基础，进一步推进了地震孕育和发生规律的科学研究。

4）全面开展阶段（1977年至今）

我国大陆1976年以后出现了

10多年的强震活动较弱的时期，这一方面，给人们提供了一个总结→研究→提高的时机；另一方面，科技水平的提高、先进技术和理念的应用使得地震监测预报工作得以全面开展，也让深入研究有了坚实的基础；在这基础之上提出了综合预报的思想，建立了系统化、规范化的地震预报理论和方法。

1983—1986年我国开展了地震前兆与预报方法的清理攻关工作，对测震、大地形变测量、地倾斜、重力、水位、水化、地磁、地电、地应力方法预报地震的理论基础与观测技术、方法效能做出了评价；对各种常用的分析预报方法的预报效能做出初步分析，为地震综合预报提供必要的依据；提出了一些新的预测方法以及利用计算机分析识别地震前兆的设想，为我国前兆观测和地震预测研究打下了良好的基础。

1987—1989年我国开展了地震预报的实用化攻关研究。通过对60多个震例资料的系统分析和对比研究，形成了各学科的、综合的、有一定实用价值的地震分析预报方

法。同时，也将专家们的地震预报经验进行了高度概括和总结，并建立了三个地震预报的专家系统。系统科学（如信息论、系统论、协同论、耗散结构论、非线性理论等）也开始应用于地震预报。

20世纪90年代以来，随着高新技术在地球科学中的应用，特别是空间对地震观测技术和数字地震观测技术的发展，给地震预测预报研究带来了历史性的发展机遇。地震学家们以新一代的数字观测技术为依托，开展了大陆强震研究，逐步实施了以地球科学为主的大型研究计划，为地震预报研究提供了大量的资料。同时，不仅从预测理论、模型、异常指标、预测方法以及物理机制等多个方面进行研究，而且，紧随计算机和网络技术的发展和普及研制出一批地震预报的工具软件并对台站进行了数字化改造，建立了地震观测台网。

6. 我国地震预报的现状和水平

二十世纪六十年代，前苏联、日本、美国等相继应用现代科学技术有计划地开展了地震预报研究。我国自 1966 年邢台地震后开始大规模地震预报的实践探索，基本上与上述主要地震研究国家同步。经过 40 多年的努力，我们在观测仪器的研制、监测系统的建设、经验预报的积累等方面有了很大进展。然而，作为地球科学的前沿领域，地震预报至今仍是一个难于突破的世界性难题。

与日本、美国相比，我国在地震观测技术、仪器设备、通讯技术、数据处理技术等方面仍有差距。但我们在以下几个方面相比具有优势：①我国所取得的大震震例资料、观测到的前兆现象和累积的地震预报经验是其他国家无法比拟的；②在总结预报经验的基础上，我们进一步研究了地震预报的判据、指标和方法，建立了一套地震预报的震情跟踪技术程序，把地震预报向实用化方面推进了一大步。而其他国家只停留在研究，或在个别地区以实验场的方式进行实验；③自 1966 年以来，我们在政府与社会的共同配合下，对海城地震、松潘地震等取得了有减灾实效的较为成功的预报，在世界地震科学史上谱写了光辉的篇章。

总的来说，目前我国地震预测的能力仍然非常有限，水平仍然很低，只有极少数的地震能作出较准确预测并取得减轻灾害的成效，特别是没有前震活动和在那些地质构造标志不明显的地区的大地震，要实现准确的短期临震预测并及时发出警报还非常困难。

7. 我国防范地震的三大体系

1）监测预报司

主要职能：负责管理全国地震监测预报工作；拟定全国地震监测预报方案并组织实施；统一规划、建设和管理全国地震监测信息系统；提出全国地震趋势预报和确定地震重点监视防御区的意见并组织监督有关震情跟踪；负责组织有关重点项目的实施；承办国务院抗震救灾指挥机构的日常灾情处理事务；对地震震情和灾情进行速报；

组织地震灾害调查与损失评估；提出对国内破坏性地震所作出快速反应的措施建议；拟定国家破坏性地震应急预案；建立破坏性地震应急预案备案制度；负责地震应急与地震现场工作的组织实施；负责督导

大中城市的防震，减灾应急工作；负责组织实施首都圈示范区有关工程项目；承担国际禁止核试验的地震核查工作。

2）震害防御司

主要职能：负责指导全国地震

灾害预测和预防；拟定全国地震烈度区划图或者地震动参数区划图；管理重大建设工程和可能发生严重次生灾害的建设工程的地震安全性评价工作，组织审定地震安全性评价结果，确定抗震设防要求；研究提出地震灾区重建防震规划的意见；负责地震烈度（或地震动参数）区划、地震安全性能评价、震害预测、大中城市防震减灾示范区研究等重点项目的组织实施工作；负责防震减灾救助和装备技术开发研究；拟定国家防震减灾工作的发展战略、方针政策、法律法规和地震法规及地震行业标准；承担防震减灾的有关行政复议和应诉工作；依据《中华人民共和国防震减灾法》的规定，监督检查防震减灾的有关工作；指导省级以下地震工作机构的工作；指导防震减灾知识的宣传教育工作。

3）震灾应急救援司

主要职能：负责国务院抗震救灾指挥部日常事务；管理破坏性地震应急预案；汇集地震灾情速报，管理地震灾害调查与损失评估工作；管理地震灾害紧急救援工作。

8. 中国数字地震观测网络

中国数字地震观测网络项目由中国数字测震台网、中国地震前兆台网、中国地震活断层探测技术系统、中国数字强震动台网、中国地震信息服务系统及中国地震应急指挥技术系统6个分项目组成。项目围绕中国防震减灾工作的监测预报、地震灾害预防、紧急救援及科技创新体系，以全面提高中国防震减灾能力为主要目标。在数据采集、传输、分析、应用等方面已经全面实现了地震监测的网络化和数字化，通过在大中城市开展地震危险性评估为工程抗震设防和地震活动层探测积累了大量的实测数据，并且建成了信息灵、决策准、指挥有序、救援响应快的全国抗震救灾指挥体系。

我国数字地震观测网络项目竣工以后，对大地震的速报时间已经缩短到10分钟之内，对地球化学异常和地震地球物理异常的监测域已达国土面积的70%，对灾害性地震的响应时间已经缩短至25分钟之内，对地震活断层的定位精度已经提升到 10 米量级。同时，项目产出的各类实时数据，已实现跨行业、跨地区的数据共享，可为公众提供全面的、翔实的地震信息服务。

1）中国地震前兆台网

中国地震前兆台网由国家地磁台网、国家重力台网、地电台网、地壳形变台网和地下流体台网五大观测台网及台网中心和前兆台阵组成；共建成 24 个重力观测台，90 个地磁观测台，100 个地电观测台，130 个地壳形变观测台，204 个地下流体观测台，以及地壳形变、地磁、地下流体三个流动观测体系；在甘肃天祝、四川西昌首次建成两个前兆台阵，并建设完成国家重力台网中心、国家地震前兆数据中心、地壳形变台网中心、国家地磁台网中心、地下流体台网中心、地电台网中心以及 31 个区域中心地震前兆台网部。

2）中国数字测震台网

中国数字测震台网由国家测震台网、火山台网、区域测震台网、流动测震台网及国家和区域台网中心组成；共建设两个海底地震试验观测系统、两个小孔径台阵、105 个国家测震台、33 个火山测震台、685 个区域测震台及一个国家级流动地震观测系统、两个前兆观测台和一个国家台网中心和 32 个区域台网中心，以及 19 套区域流动地震观测系统。

中国国家台网对我国 90% 以上地区的地震监测能力已经达到 $MS \geqslant 3.0$，其余地区监测能力达到 $MS \geqslant 3.5$，震中定位精度达到 $5 \sim 10$ 千米。中国区域台网对人口密集的主要城市、防御区以及东部沿海地区的地震监测能力已经达到 $ML \geqslant 1.5$，对 6 个火山地区的地震监测能力达到 $ML \geqslant 1.0$。

中国数字测震台网对我国及邻区的 $MS \geqslant 4.5$ 级以上的地震速报初定位时间在 10 分钟之内，精定位时间在 20 分钟之内；对区域数字测震台网内 $ML \geqslant 3$ 级的地震精确速报时间在 15 分钟之内；对中国国内 $MS > 5$ 以上的大地震，地震矩张量解的速报时间在 30 分钟之内。

3）中国数字强震动台网

中国数字强震动台网分项目由

大城市地震动强度（烈度）速报台网、固定强震动台网、国家强震动台网中心、强震动流动观测台网、强震动专用台阵及区域强震动台网组成，共建设 1 个国家强震中心、3 个区域强震动台网部、5 个速报中心、12 个专用台阵、310 个烈度速报台站和 1154 个固定强震动观测台站。

我国数字强震台网集中布设在全国 21 个地震重点监视防御区内，其中，13 个二级重点监视防御区内在每 1800 平方千米内设置一个台站，如果监控区内发生 4 级以上地震时，至少有一个台站能够获取到强震动记录。8 个一级地震重点监视防御区内每 600 平方千米一个台阵，如果监控区内发生 4 级以上地震时，会有多个台站同时获取到强震动记录。

中国数字强震动台网在昆明、乌鲁木齐、兰州、天津、北京 5 个大城市建设的烈度速报台网，能够在台网覆盖范围内发生 4 级以上地震后不超过 10 分钟的时间内确定地震动强度的分布。

9. 地壳形变观测的新方法

地壳形变发展到一定阶段就会产生地震，形变贯穿地震活动的全部过程。显然，地壳运动所产生的，不论是垂直位移还是水平位移，都可能与地震有关。但是形变在各阶段表现并不一样。一般情况下，我们把与地震活动有关的地壳形变分为 4 个阶段：第一阶段是缓慢平稳地积累，时间长、速度小；第二阶段是不稳定积累，方向改变、速度增加；第三阶段是积累达到极限，介质破裂，弹性应变能突然释放（地震发生）；第四阶段是地震后剩余形变释放，速度开始变得缓慢，逐渐恢复正常。

近年来，地壳形变观测有了新的方法，就是利用全球定位系统（GPS）进行观测。

地震活动异常包括地震波速异常、地震活动性异常、震源机制异常等。地震波速异常是指当震源区物理状态或介质的物理性质改变时，地震波速度发生的变化。地震波速度异常持续的时间越长，震级就越大。一般情况下，地震活动性异常是指地震活动性在时间、空间、强度方面显示的异常现象，常见的有背景性地震活动的增强和减弱、地震空区、6值异常、前震活动等。

1）背景性地震活动的增强和减弱

大震来临前在未来的震源区内地震活动的减弱与周围地区地震活动的增强。

2）地震空区

空区分为两类，一类是地震活动带上被中小地震包围的前兆空区，另一类是地震活动带上还没发生大地震的地段。

3）6值异常

6值是表示大小地震数目按震级分布的一个参数。大震前，震中区及其附近的地壳内，岩石结构和应力状态都可能发生明显变化，与此相应的6值也偏离正常值，出现异常低值或异常高值。

4）前震活动

前震出现在大震前几分钟至几十天不等，在震源区可直接观测到异常活跃的地震活动。虽然前震对地震预报有着重要的意义，但是并不是所有的大震前都能观测到前震。

震源机制异常是指地震前孕震区内小震发震应力轴的方向，从正常时期的随机分布变为以某一方向为优势的整齐排列，地震来临前会发生优势方向的转动。

震前地磁异常可能是一种与应力变化有关的压磁效应。它是指地震前观测到地磁场分量（水平、垂直和偏角）及其总强度明显偏离背景场的异常变化。

其实在实践中仍然存在很多问题，例如有时候会观测到这些异常现象，但是随后并没有发生强震。由此可见人类目前对地震前兆预测的认识水平还比较低。

10. 我国地震预报的具体规定

地震发生的时间、地点、震级称为地震的三要素，地震预报内容主要包括地震"三要素"的预报。目前有些科学家认为，应考虑再增加地震可能造成的"经济损失和人员伤亡"两个要素。另外，按照地震预报的时间尺度又可分为长期预报、中期预报、短期预报、临震预报和震后震区余震及趋势预报 5 个阶段。长期预报是指几年到几十年或者更长的时间的地震危险性及其影响的预报；中期预报是指几个月到几年内将要发生的破坏性地震的预报；短期预报是指几天到几个月内将要发生的破坏性地震的预报；临震预报是指几天内将要发生的破坏性地震的警报或预报。通常情况下，预报的时间尺度越长，预报的区域范围就越大，预报的时间尺度越短，预报的区域范围就越小。

这里有一点需要强调，上述预报中，特别是短期预报和临震预报，只能由国家指定的专门机构发布，是政府行为。不管是专业的还是业余的、集体的或个人的，对上述地震预报内容所持的判定意见或分析结果，只能向上级有关主管部门上报，而不能自行向公众散布或发布。因此，有必要区分"地震预测"和"地震预报"这两个概念。"地震预测"是有关人员为地震预报提供的参考资料或意见。"地震预报"是指有关政府部门对公众发布的、未来一定时间内将要发生破坏性地震的公告。从《中华人民共和国防震减灾法》第二章第 16 条可以看出，关于"地震预报"和"地震预测"这两个词是有清楚区分的："国家对地震预报实行统一发布制度。……任何单位或者从事地震工作的专业人员关于短期地震预测或者临震预测的意见，应当报国务院地震行政主管部门或者县级以上地方人民政府负责管理地震工作的部门或者机构按照前款规定处理，不得擅自向社会扩散。"考虑到地震预报的发布对经济社会所带来的巨大影响，区分这点很有必要，能使老百姓更清楚地知道以后发生地震该信谁的。

那么，我国对地震预报的具体规定有哪些呢？

1998 年 12 月 17 日，国务院发布了《地震预报管理条例》。条例规定，一个完整的发布地震预报过程包括四个程序：地震预测意见的提出、地震预报意见的形成、地震预报意见的评审和地震预报的发布。

1）地震预测意见的提出与地震预报意见的形成

地震预测意见属科学行为，它

必须是依据真实、可靠的资料通过科学分析得到的，绝非是无根据的主观臆测。任何单位和个人都可以提出地震预测意见，但必须上报县级以上地震工作部门或机构，而不得向社会散布。地震预报意见只能由县级以上地震工作部门或机构通过召开地震会商会的形式产生。

2）地震预报意见的评审制度

由于地震预报发布属政府行为，不仅要考虑地震预测中的科学问题，而且要考虑与其有关的社会、经济影响。各级地震工作部门或机构作为同级政府主管地震工作的职能部门，在向政府报告地震预报意见的同时，必须提出相关的防震减灾工作部署建议。为此，有必要建立地震预报的评审制度。但紧急情况下可以不经评审。地震预报的评审工作规定由国家和省级地震

工作部门组织。

3）国家对地震预报实行统一发布制度

地震短、临预报只能由省级人民政府发布，但考虑到我国地震预报的现状，特别是近几年来对一些中强地震作出有减灾实效的发布短临预报的实例，特别授予市、县人民政府可以发布48小时之内的临震预报权限。但这个特别授权只能在已经发布地震短期预报的地区。

预防地震的公共措施

1. 制定地震应急预案

依据《中华人民共和国防震减灾法》、《破坏性地震应急条例》和《国家突发公共事件总体应急预案》，制定国家及地方各级地震应急预案，其目的是使地震应急能够协调、有序和高效进行，从而最大程度地减少人员伤亡、减轻经济损失和社会影响。如果在地震来临前，制定了地震应急预案，一旦发生震情，各级政府和相关部门就可以做到有备无患，不至于慌乱，可以有次序地实施减灾行动。制定地震应急预案贯彻了"预防为主"的方针，是提高政府防灾职能的重要对策。

2. 建设工程抗震设防要求

抗震设防要求就是建设工程抗震设防标准，也可以称为防震标准。专业术语表述为：建设工程抗御地震破坏的准则和在一定风险水准下的抗震设计采用的地震动参数或地震烈度。

防震标准与防洪标准相似，都是以多少年一遇的地震和多少年一遇的洪水进行表述。不同类型和不同重要性的建设工程，其抗御地震的准则和承抗风险是不同的。现举例如下：

①对房屋建筑类型抗御地震的准则是三阶段设防，两阶段设计，即通常称谓的小震不坏，中震可修，大震不倒的准则。而对一般性的房屋建筑风险水准确定为小震（多遇地震）为50年一遇，中震（基本设防地震）为475年一遇，大震（罕遇地震）为2 000年一遇。换一种表述方法，即对应为

50年超越概率百分之六十三、百分之十、百分之二的概率水准下的地震烈度；

②水工建筑的抗御地震的能力或地震动参数，以不出现导致垮坝的裂缝为准则的设计方法。对一般性水坝，抗震设防要求取475年一遇的地震，即50年超越概率百分之十的烈度或地震动参数值设防。而对大型壅水建筑，则按5000年一遇的地震，即100年超越概率百分之二的地震烈度或地震动参数进行设防；

③核电站工程的抗御地震能力的准则，为安全运行和安全停堆防止核泄漏的两阶段考虑。其中保证

安全停堆的抗震设防要求为万年一遇的地震，即按100年超越概率百分之一风险水准下的地震烈度或地震动参数设防。而安全运行的设防则取安全停堆设防烈度或地震的参考值的1/2。

综上所述，抗震设防要求是建设工程保障抗御地震能力的首要设防标准。

3. 城市建设中的防震措施

在城市建设中，震害防御是一项非常重要的工作，要与总体规划同步甚至要超前进行。城市抗震防灾在重视单个类项的防灾能力的同时，还要重视如何提高城市整体的防灾水平，只有这样才能更有效地减轻地震灾害。一般来说应考虑以下内容：

制定合理有效的地震设防标准，使防灾水平与城市经济能力达到最佳组合关系。

结合土地利用和城市改造，尽量缩小城市易损性组成部分，提高城市的抗震能力。

做好勘察工作，从地貌、地形、水文地质条件等方面评价城市用地，在有断层存在或可能发生滑坡的潜在不稳定地区，采取改善建筑物场地的措施或者将其指定为空地。

根据城市建设的地区特征，进行地震地质研究工作，研究不同场地的地震效应，进行地震影响小区域划分，为确定设防标准提供科学依据。

结合城市改造，对设防标准不达标的已建工程按照设防标准进行加固。

研究特定地点生命线工程的地震反应，制定生命线工程的抗震设计规范，同时尽量将生命线工程建成网状系统，这样有利于确保整体功能。

要严格控制建筑物密度和市区规模，降低人口密度，扩大街区，拓宽主要干道，增设街心花园或其他空地，确保城市疏散通道及出口畅通。

调整工业布局，按照功能分区，按照环保防灾要求设计和改造城市。

加强城市管理立法工作，使城市管理科学化、秩序化。

加强地震科普宣传，使市民提高防震的素养，增强应变能力。

4. 提高建筑物的抗震能力

要提高建筑物的抗震能力，首要的是建筑场地的选择。建筑场地要选择开阔平坦的地形；地基宜选在密实黏土层和上微风化基岩上；尽量避开古湖泊、古河道等容易产生沙土液化的地带；基础深比浅好，沉箱和整体性地下室基础最好。以上是对一般建筑物而言。对于重大工程、特殊工程、生命线工程和系统工程等，应按国家规定，在工程建设前做好工程建设场地的地震安全性评价工作。

在选好场地之后，要想提高建筑物的抗震能力，必须从以下几方面着手：

第一，建筑物的平面、立面高度不要超过规定，避免太空旷，要力求整齐，尽可能使隔墙多，开间小，以增加水平抗震能力。如果有特殊要求，事先必须采取措施；第二，建筑材料要有足够的强度，薄弱环节或联结部位要加强，增加建筑物的整体性能，同时要保证施工质量；第三，及时维修养护。如果是国家投资兴建或者是单位的重点建筑物，必须请专业人员按国家地震局和国家建设部颁布的《建筑抗震设计规范》进行设计。

提高建筑物的抗震能力还包括对破旧房屋进行加固，旧房加固能够起到稳定群众情绪，保障社会安定的作用。发生地震时，还能够有效地保障人民群众的财产和生命安全，一举两得，作用不可低估。常用的简单加固方法有以下三种：一是加固墙体。可采取拆砖补缝、钢筋拉固、附墙加固、增加附壁柱、设置"墙缆"、扶壁垛等方法，根据不同情况灵活采用。二是加固楼盖和房盖。如果屋顶移动，可加砌砖垛或者用铁管支顶；如果是预制板被拉开、破损，可以采取用水泥砂浆重新填实、配筋加厚的办法；砖木结构的房屋，可用"扒钉"加

强檩条与木屋架的联结；用垫板加强檩条与山墙的边结，木柱之间要加斜撑加固；屋顶倾斜要扶直；劈裂、糟朽的木屋架要增设附柱与附梁。三是加固建筑物的突出部分。如对高门脸、烟囱、出屋顶的水箱间、楼梯间等部位，要采取适当措施设置竖向拉条，拆除不必要的附属物等方法进行加固。

5. 普及防灾减灾知识

积极宣传防震减灾知识，是提高全民防震减灾意识的重要举措。这项工作做得好，会有以下益处。

①可以使社会各阶层和每个社会成员能自觉地、正确地了解地震和地震预报，采取正确的行动进行避震，降低损失，减少人员伤亡。

②可以使掌握了地震知识的群众，及时准确地识别地震前兆并向政府或者地震部门报告，有利于提高抗御地震的自觉性和增强地震监测能力。

③可以使广大人民群众增强对地震误传、谣传的识别和抵制能力，减少地震损失。

④可以使各级领导认识到地震灾害的严重性，从而加强防震工作，掌握一定的抗震对策，有利于加强防震工作的领导。

⑤可以吸引社会上致力于公益事业发展的有志之士，加入到防震减灾行列，不断促进地震科技的发展。因此，地震知识的普及与宣传是一项经常性、战略性的工作。

6. 警惕和抵制地震谣言

1）诱发地震谣言的因素

人们把既没有确切来源，又没有事实根据，仅凭主观想象猜测的地震消息称为地震谣言。地震谣言的产生比较复杂和多样，有直接诱发因素，也有社会文化和心理背景的影响。我国是一个多地震国家，中强地震发震频度高、分布广、破坏性大。特别是1976年河北唐山发生大地震以后，人们对地震的恐惧心理远远超过了其他自然灾害。由于目前地震预报工作仍处在探索研究阶段，只能对一小部分地震进行短期预报、临震预报，再加上广大群众缺少对地震工作的了解，缺乏必要的地震知识，所以在遇到以下情况时往往会产生地震谣言。

把某些不一定是地震前兆的现象，误以为是地震前兆。比如某些个别的地下水异常现象、个别的动植物的异常现象、天体运动中的罕见现象以及偶然的气候变化等，都可能成为产生地震谣言的背景。

把某些正常的地震工作，误解为将要发生大地震。比如地震部门召开工作会议，地震科技人员对一些生命线工程以及有关的建筑设施提出必要的加固方案，进行室外观测、测量以及考察研究工作等，也可能给产生地震谣言提供所谓的依据。

国内外的其他种种复杂因素和背景，比如国内封建迷信思想残余作怪，海外电台、报纸别有用心的宣传广播，有意制造的地震谣传等，都是产生地震谣言的因素。

每当有大地震发生，就会有很多版本的地震谣言随之而生，更有甚者，竟然传言在某地某年某月某日要发生某级大地震。1990年，银川郊区一个乡村就发生过类似的地震谣言事件，受地震谣言的影响，当时人们纷纷抢购食品和蜡烛，提取存款，还有1000多人东渡黄河避震，造成极大的社会恐慌。这足见地震谣言的危害有多大。在其他省区也曾发生过类似的地震谣言事件，在群众中造成严重的恐震心理，甚至导致学校不能正常上课，工厂不能正常生产，工作人员盲目外逃等现象。其实，识别地震谣言的方法很简单：凡伴有离奇传说或带迷信色彩的，传说地震震级大，而发震地点、时间非常具体的，这些完全可以不用去相信。因为目前国内外的地震预报还没有精确到具体的震级、时间和地点。另外，有权发布地震预报的机构只能是省级人民政府，任何单位或个人均无权发布地震预报，哪怕是权威的地震专家或省级地震局，也不能擅自发布有关地震的任何消息。地震谣言有时比地震本身的危害都要大。因此，我们要努力提高识别地震谣言的能力，对各种地震谣言进行分析研究，避免造成不必要的恐慌。

2）地震谣言的特征

地震谣言有很多特征，常见的有以下几种：

谣言在开始形成的时候，说法很不统一，内容也非常简单。但是经过人们传来传去，就会逐渐形成一条相当逼真、比较统一的谣言。另外，在地震谣言传播过程中，有人又根据个人的特点和兴趣，对谣传进行补充和加工，就又形成了一条新的地震谣传流向四面八方。

谣传中对于地震发生的震级、地点、时间都说得非常具体。在震级上又加以夸大，在地点上能"精确"到某个村庄，在时间上能"精确"到"几点几分"。有关资料表明：自有记录起，世界上还没有发生过大于9级的地震，最大的地震还不到8.9级，而有的传言居然震级达到12级。

地震谣传还有一个特征是打着外国人的招牌骗人。传谣的人在叙述内容以前，常常会先声明："是日本人测出来的"、"是美国人测出来的"、"是××之音说的"，等等，反正谁也不会跑到国外去核实。据

统计，从 1980 年 1 月至 1982 年 3 月，我国共发生 18 起地震谣传事件，其中有 13 起都说是外国人测出来的。

3）如何识别地震谣言

只要不是政府正式发布的地震预报，肯定都是谣言。国务院规定，只有省一级人民政府才有权向社会公开发布地震的短期预报和临震预报，其他任何个人、单位和部门，都无权对外发布地震预报。如要发布地震预报，政府会迅速采用一切措施通知到震区的全体民众。

凡是将地震发生的时间能"精确"到几点几分者，肯定都是谣言。因为目前世界上的地震预报水平根本无法达到这样的精度。

凡是将发震地点"预报"得十分具体者，具体到某乡某村者，肯定都是谣言。因为目前世界上的地震预报水平还没达到这样的精度。

凡是贴有"洋标签"，说外国某专家已经预报的地震传言都是谣言。因为不允许也不可能进行地震的"跨国预报"，也从来没有外国专家预报过中国的地震。

凡带有迷信色彩或者离奇传说的地震传言都是谣言。

家庭防震

1. 检查住房的环境和条件

检查居住的环境有没有不利于抗震的地方。很多时候，住房本来不会被震倒，但却被周围其他建筑物砸坏。如果存在这种危险时，就要注意加固住房，必要的时候要搬迁或者撤离。

检查房屋的结构是否需要加固？房屋是否年久失修？建造质量好不好？抗震性能不达标的房屋要加固，不宜加固的危房要撤离。

2. 做好室内的防震准备

1）家具物品摆放要安全

家具物品要摆放好，防止倾倒或掉落时伤物、伤人，堵塞通道；有利于形成三角空间，便于地震发生时藏身避险；组合家具要连接，固定在地上或墙上；高大家具要固定，把悬挂的物品固定住或拿下来，顶上不要放重物；阳台护墙要清理，把杂物、花盆等拿下来；把牢固的家具下腾空，地震时可以藏身避难；屋门口和走廊要保持通畅不要堆放杂物。

2）卧室的防震措施最重要

地震有时可能发生在夜晚，人在睡觉时警觉力比较差，如果被地震惊醒从卧室逃往室外所经路线很长的话，就会很危险。因此，按防震要求布置卧室非常重要。床的位置要避开房梁、外墙、窗口，安放在室内坚固的内墙边；要牢固，条件允许可以加个抗震架；要远离易倒易碎物或悬挂物。

3）仔细放置好家中的危险品

家里的危险品，易燃物，如汽油、煤油、油漆、酒精、稀料等；易爆品，如氧气瓶、煤气罐等；易腐蚀的化学物品，如盐酸、硫酸等；有毒物品，如杀虫剂等，平时应好好处理，把用不着的尽早清理掉。

必须留下的要存放好。防破碎，防撞击；防泄漏，防翻倒；防爆炸，防燃烧。

3．平时应做的防震准备

地震是可怕的，它的发生也是随机的，它从不给你招呼，也不问

你愿不愿意，说到就到，甚至在你还没有反应过来时，它就已经发生并留下了可怕的足迹，因此，平时应做好防震准备。

为每个家庭成员准备一个轻便型背包，里面放置现金、干粮、矿泉水、收音机、手电筒、雨衣、电池、轻便夹克、卫生纸等。如果家里有老人或者病人，还要把他们常吃的药准备一份放进背包。

购买一个急救专用药箱，地震时要带着走，最好还能准备安全帽及手电等。带手电是因为地震时绝对不可以使用蜡烛或打火机，以免引燃煤气爆炸。而安全帽是为了防止房屋倒塌或落石。如果实在来不及准备时，也可以把枕头放在头上，避免外伤。

先贮存一些食物及必要的生活用品，如保暖衣物、饮用水和烧火用具等，特别是偏僻山区，一定要做好自救的准备。因为一旦交通受阻，救援人员可能两三天后才能赶到。

收集床单或绳子等，以备不时之用。发生地震事件以利用身边任何入水可以漂浮的东西，如床、箱子、木梁、衣柜、圆木等，自制简易木筏。

4. 进行家庭防震演练

地震往往突如其来，震时应急，好多事都要在困难的环境下或极短的时间内做完，如疏散、紧急避险、撤离、联络等。所以，必要的家庭防震演练很重要。比如"瞬间紧急避险"演练，紧急疏散与撤离演练等。

5. 家庭应急防震准备

学习地震应急常识，制订家庭应急预案，配备应急物品，准备好防震应急包；开展家庭紧急疏散、避险与撤离的演练活动；清理门口杂物、使庭院通道畅通，地震发生后便于人员撤离；将易燃、有毒、易爆物品转移到安全的地方；了解地震避难场所，熟悉避难场所周围的环境，地震时沿指定路线及时疏散。

学会关闭电闸、水闸和煤气。在煤气阀的旁边放一把扳手备用，把灭火器放在便利的地方，输水皮管常安在水龙头上，用于应急灭火。

住平房的要检查房屋，拆掉高门脸、女儿墙和处理其他容易坠落的危险物体，必要的时候可以加固房屋；住楼房的要清理杂物，疏通楼道，保证地震时通道畅通无阻；手机或电话放在方便的地方，要牢记消防队、急救中心、派出所等应急单位的电话号码。

危险品，如有毒物品、可燃性液体要存放在不会被打破、不会倾倒的安全器具内；把各种存物架上的重物移到下部；煤气灶台、烧水炉用皮带缠绕几圈安全地靠在墙边，炉灶底要固定在地板上。

事先约定好家庭成员在灾难发生时失散后的团聚地点和联络办法，避免地震后或者其他混乱情况下失去联系的情况发生。

平时要了解学校和家附近的应急避难场所，地震发生时可以迅速疏散到安全的地方。

6. 如何避免地震时物品伤人和火灾

家居物品摆放时要坚持轻的在上面，重的在下面的原则。把高大家具与墙壁固定住，将床放在内墙附近，要远离悬挂的灯具和屋梁，并加固睡床；将屋顶的悬挂物如挂钟、灯具等系牢或取下，将牢固的家具（如桌子）下面腾空，防止掉下或倾倒伤人；床边不要放镜子、玻璃等易碎危险物品；柜架要固紧，柜门应用其他卡件或绳子系紧、卡死，防止地震时，柜架内的物品掉出来伤人；取下较高花架或阳台围栏上的花盆。

火灾是破坏性地震发生时最容易引起的次生灾害。原因是随着电网拉断，房屋倒塌，油库、煤气、天然气或其他易燃易爆危险品的泄漏遇明火而引起火灾。

地震时怎样才能防止火灾的发生呢？要在平时加强对易燃易爆物品的管理工作。生产易燃易爆物品的工厂和储存易燃易爆物品的仓库，要与居民区保持安全距离；为了防止地震时引发火灾，凡是性质相互抵触的易燃易爆物品，要分开储存；凡遇到撞击、摩擦、震动后易起火的易燃物品，应采取一定的措施，单独处理，可以放在固定的容器里，用沙子围护起来，搁置于安全的地方；对加油站、液化气站、煤气站等，要加强检修，发现滴、跑、冒、漏以及支架不牢等情形，要及时采取安全维护措施。

平时要加强对火源的控制，随时做好灭火的准备。很多家庭使用火炉，夜间封火的时候，最好放上一锅水。不要在火源周围放置易燃易爆物品。要根据具体情况，制定相应的灭火方案，要准备好充足的灭火工具，如灭火器、铁锹、沙土、水桶等。注意不要阻塞消防通道，覆盖住消防水源等。

如果接到地震预报或者感觉到地震来临时，要迅速地切断气源、电源，防止引起火灾。

震后搭建帐篷或防震棚时，要考虑防火的必要。不要在棚内吸

烟，更不要随便乱扔烟头。如果迫不得已，必须要用蜡烛、油灯照明时，要将其放在盛有沙土的碗碟或者盆内，最好带有罩子。

7. 应急包应备物品

1）应急类物品

手电筒、电池、哨子、方便食品、矿泉水、便携式收音机、口罩、雨衣、手纸等。哨子的主要用途是，万一被困或被埋，可以用吹哨子的方式对外联络或呼救，这样既节省了体力，声音又可传播得比较远。地震发生后，会造成灰尘和

烟雾弥漫的情况，这时候戴上口罩，可以保护口鼻和呼吸系统，阻隔烟尘的熏呛。地震发生时，通常会造成电力中断，当震后转移时，特别是在晚上发生地震的时候，手电筒就会起到很大的作用。如果遇到和外界通信受阻的情况，收音机可以及时收听关于灾情和救援的情况，会让人情绪变得稳定。

强化手套、安全帽、野炊炉具、硬底鞋、刀、开罐头器、笔和本、内衣、帐篷、睡袋等。

戴安全帽，在危险场合中可以保护头部。强化手套的正面涂了一层橡胶层，可以增强手套的强度，自救和互救时扒刨埋压物体时可以保护手部。硬底鞋是在地震现场活动时，保护脚部不被裸露的钢筋、碎玻璃等坚硬锐器伤害。

2）医药品

止疼药、止血药、感冒药、止痢药、急救袋、消毒液、抗生素、抗破伤风等急救药品、绷带、消毒酒精等。有可能的情况下还应准备下列物品：

如何提高幼儿园应对突发地震事件的能力

幼儿园作为学前教育的主场和基地，是家庭之外幼儿接受启蒙、益智和兴趣教育的关键平台与场所，如何引导、培养和教育幼儿从小树立安全意识，学会自我防范、自我避险、自我救护等防灾避险常识与技能，是学前教育的重要环节和责任。面对地震形势的严峻复杂性，全面提高幼儿童的防震避害能力，应该成为各级教育、地震、科技等部门的常规工作。齐抓共管，合力推进，尽最大的努力有效避免和降低突发地震事件对幼儿的伤害，为他们撑起一片平安、快乐、自由的天空。

1）寓教于乐，抓住特点普及防震减灾知识

幼儿都具有好奇、好动、好问的特性，他们对于地震等突发灾害，少经历，无意识。往遇到这类事件，表现出无所适从，恐惧万分，慌乱一片。有些灾难更会造成幼儿心里的阴影和长久的畏惧，严重影响幼儿身心健康。因此，强化对幼儿的安全教育，愈加显得迫切和紧要。可以采取寓教于乐的形式，利用动漫、卡通、游戏、讲故事等把防震避险科普融入其中，使幼儿在娱乐的过程中，增加防御的意识，领会避灾的要领，学到疏散避险的方法。

现在的幼儿园都具备了现代教育的功能，多媒体、投影仪、音视频等设备一应俱全，有的还建设了电教室，丰富了教学形式和内容。幼儿园可以充分利用这些充沛的教

育资源，制作地震科普幻灯片、卡通游戏，编辑动漫和让幼儿自己动手办防灾知识手抄报。还可以举行课本剧、知识竞赛等，抓住幼儿的特点，竭尽一切可能，强化防灾教育，达到终身受益的目的。

2）寓演于教，提升幼儿应急避险效率

幼儿园定期开展地震疏散演练，既是强化意识、强化能力、强化反应的良方，又是防范灾害，保障师生安全的妙药。要利用学校安全教育日、5.12防灾减灾日等，制定方案，细化规则，组织幼儿开展地震应急避险疏散演练，指导孩子们在地震来临时就地避险，主震过后立即疏散，紧张有序地撤离到空阔的操场，避开高大建筑物。每一次演练之后，都要开展交流体会、抒发感想、畅谈收获等活动，以此加深认识，消化理解，融会贯通，学以致用，达到通过演练，播撒防御灾害的种子，增强师生自我保护的意识。平时开展班级小型演练，绘制应急避险疏散通道图，设定避难场地，标明行动标识，教导幼儿牢记于心。

3）寓宣于课，坚持防震减灾知识常抓不懈

要结合历史地震灾害，编写适合幼儿使用的、有针对性的、图文并茂的教材，把震前防御、震时避险、震后疏散、自救互救知识直观形象、简明科学地编入其中。同时，要大力创作民族语言的幼儿科普读物，打造幼儿防震减灾科普宣传的系统工程，使之深入持久，与时俱进，有效有力。

要以科学发展观为统筹，本着百花齐放、百家争鸣的原则，不断丰富幼儿防震减灾科普作品，使走进课堂的教材、读物和画册具有吸引力，让幼儿喜欢读、喜欢看、喜欢学，并产生浓厚的兴趣。在老师的潜移默化、循循善诱、启蒙引导下，推进幼儿的安全教育，努力把幼儿园建设成为防震减灾教育的坚固屏障，真正提高幼儿园应对突发地震事件的综合反应能力。

自救与互救

ZIJIU YU HUJIU

第3章

地震中所受伤害类型

我国是地震多发的国家，地震发生以后，人们通常会受到不同程度的伤害，主要的伤害有：机械性外伤、埋压窒息伤、完全性饥饿、冻伤、烧伤、淹溺、精神障碍。那么，掌握一些地震中的自救和互救知识就显得尤为重要。自救和互救是大地震发生后最先开始的基本救助形式。震时被压埋的人员绝大多数是靠自救和互救而存活的。

1. 机械性外伤

是指人被各种设备及其倒塌体的直接砸击、挤压而导致的损伤，占地震伤的95%～98%。受伤情况有骨折、头面部伤等。其中，骨折发生率比较高，大约占全部损伤的55%～64%，还有12%～32%软组织伤，颅脑伤的早期死亡率也非常高，其余为内脏和其他损伤。创伤性休克是地震伤亡的主要原因。

2. 埋压窒息伤

是指人在地震中不幸被埋压身体或者口鼻，从而发生窒息。在地震引发的地质灾害，如泥石流、滑坡、崩塌中，能将整个人埋入土中，有时候没有明显的外伤，但是也会因窒息而死亡。

3. 完全性饥饿

是指在地震中人被困在废墟空隙中，长期断食断水，所处环境或污浊、闷热，或寒冷、潮湿，使人体抵抗力下降、代谢紊乱，濒于死亡。人被救出以后一般神志不清、口舌燥裂、全身衰竭，往往在搬动时死亡。

4. 冻伤

是指因地震发生在冬天，在没有取暖设施的条件下引起的冻伤。例如，海城地震发生在寒冷的冬季，人们只能临时住在防震棚中，因天气寒冷，许多人可能冻死冻伤。

5. 烧伤

是指有毒有害物质泄漏乃至爆炸或地震诱发的火灾引起的烧伤。由于地震火灾往往难以躲避，因此，导致人们患上烧伤、砸伤的复合疾病，同时也增加了治疗难度。例如，1975年2月4日19点36分辽宁省海城、营口一带发生地震，震后因防震棚失火，烧死烧伤数人。

6. 淹溺

是指因地震诱发水灾而引起的淹溺。对于这类淹溺者要创造条件实施水上或空中救护，但由于他们往往有外伤，因此治疗难度高。

7. 精神障碍

是指因地震时受到强烈的精神刺激从而出现的精神应激反应。常见的症状是淡漠、疲劳、迟钝、失眠、焦虑、易怒、不安等。

地震中的自救

1. 地震时的避震原则

地震时是跑还是躲，我国多数专家认为：震时就近躲避，震后迅速撤离到安全地方，是应急避震较好的办法。避震应选择室内结实、能掩护身体的物体旁边，或易于形成三角形空间的地方，或开间小、有支撑的地方躲避，室外要选择开阔、安全的地方躲避。大震来临时，该如何避震？专家建议掌握以下三条原则：

原则一：因地制宜，正确抉择。震时每个人所处的环境、状况千差万别，避震方法也不可能千篇一律。要具体情况具体分析。这些情况包括：是住平房还是住楼房，地震发生在白天还是晚上，房子是不是坚固，室内是否开阔、安全。对于居住在楼房内的居民应在室内择地躲藏，居住在平房等简易处的居民，可以根据情况决定就地躲避还

是跑到室外躲避。

原则二：行动果断、切忌犹豫。避震能否成功就在千钧一发之际，决不能瞻前顾后、犹豫不决。如住平房避震时更要行动果断，或就近躲避，或紧急外出，切勿往返。

原则三：伏而待定，不可疾出。发生大地震时，由于剧烈的地面颠簸使人站立不稳，不要急着跑出室外，而应抓紧求生时间，就近寻找合适的避震场所，如结实的床、桌子旁边或下边，小跨间房屋等。躲避时应注意远离大镜子、玻璃窗及易掉落的悬挂物，最好采取蹲下或坐下的方式，并且注意保护头部和脊柱，等待震动过去后再迅速撤离到安全地方。

2. 地震逃生的 10 大法则

1）躲在桌子或其他坚固家具的下面

地震时大的晃动持续时间在 1 分钟左右。在这 1 分钟的时间内首先要考虑的是人身安全。要选择在结实牢固且重心低的桌子下面躲避，并紧紧抓牢桌子腿，防止在震动时滑到危险的地方。在没有桌子等可供藏身的场合，不管怎样，也要用坐垫或者衣物保护好头部。

2）地震来临时应立即关火，失火时应立即灭火

大地震发生时，因为消防车不能马上赶到，因此不能依赖消防车来灭火。要想将地震灾害控制在最低程度，只能依靠个人来关火、灭火。

地震发生的时候，有三次关火的机会。第一次机会是在大的晃动来临之前，小晃动发生的时候，在感知小的晃动的瞬间，立即高呼："快关火！地震了！"并关闭正在使用的煤气灶、取暖炉等。

第二次机会是在大的晃动停息以后。因为在大的晃动时去关火，如果放在取暖炉、煤气灶上面的水壶等滑落下来，是很危险的。因此，应在大的晃动停息后，再一次呼喊："关火！关火！"并马上去关火。

第三次机会是在着火以后即使着火，在1～2秒内，火势还不是很大，是可以扑灭的。为了能够迅速灭火，应将消防水桶、灭火器放置在离可能发生火灾场所比较近的地方。

3）不要匆忙向户外跑

地震发生后，慌慌张张地向外跑，屋顶上的砖瓦、广告牌、碎玻璃等掉下来砸在身上，是很危险的，因此，不要匆忙向户外跑。此外，自动售货机、水泥预制板墙等也有倒塌的危险，不要靠近这些物体。

4）地震来临时要将门打开，确保出口畅通

由于地震的晃动，会造成水泥钢筋结构的房屋门窗错位，打不开门，导致人被封闭在屋子里出不去。感觉到小晃动时，要立即打开门，确保出口通畅。平时要事先想好万一被关在屋子里如何逃脱的方法，准备好绳索、梯子等。

5）户外的场合，要避开危险之处保护好头部

当大地剧烈摇晃，站立不稳的时候，人们都会去扶靠、抓住身边的物体，此时身边的墙壁、门柱大多会成为扶靠的对象。但是，这些东西看上去挺结实牢固，实际上却是十分危险的。在1987年日本宫

城县海底发生地震时，由于水泥预制板墙、门柱的倒塌，造成多人死伤。所以地震时一定不要靠近水泥预制板墙、门柱等。在繁华街道、楼区，最危险的是广告牌、玻璃窗等物，因为它们有可能掉落下来砸伤人，所以要注意用手提包或手提物等保护好头部。

地震时如在户外行走，应避开水塔、高大烟囱、楼房、立交桥等高大建筑物和结构复杂的构筑物，不要奔跑，以免摔倒或被裂缝所吞没。

如果地震发生时，你处在楼区，就要根据具体情况决定是否跑出去就近躲避。相对而言，进入抗震建筑物中躲避比较安全，当然，安全也不是绝对的。

6）公共场所避震

如果在体育馆、影剧院等遇到地震时，要沉着冷静，特别是当场内断电时，不要乱叫乱喊，更不能相互推搡，避免被挤倒踩踏，应躲在排椅下或就地蹲下，注意避开电

扇、吊灯等悬挂物，用皮包等柔软物保护头部。等地震过后，听从工作人员指挥，有组织地撤离。在书店、商场、汽车站、展览馆、火车站时，若靠近门口，应迅速撤离到室外安全的地方，若在室内，应避开玻璃橱窗、玻璃门窗、易碎品的货架、柜台等，选择结实的柜台、柱子或桌椅边以及内墙角等处就地蹲下，并用手或其他物品护住头部。在展览馆时，则要避开吊灯、广告牌等高耸的物件或悬挂物。

在行驶的公共汽车内遇到地震时，要先抓牢扶手，以免碰伤或摔倒，并迅速躲在座位附近，地震后

再下车。就地震而言，地下街相对来说比较安全。即便发生停电，紧急照明电灯也会马上亮起来，因此不必惊慌，应镇静地采取行动。

发生地震时，千万不要使用电梯。如果地震发生时，已经在电梯里，要立刻将操作盘上各楼层的按钮全部按下，一旦电梯停下，要迅速离开电梯，确认安全后开始避难。万一被卡在电梯中，要通过电梯中的专用电话与外界联系、发出求助信息。

7）地震来临时，汽车要靠路边停车，管制区域禁止行驶

地震时，汽车难以驾驶，会像

轮胎泄了气似的，无法把握方向盘。这时候要立即避开十字路口将车子靠路边停下。为了不妨碍紧急车辆的通行和避难疏散的人群，要让出道路的中间部分。要注意收听广播，因为地震时，城市中心地区的绝大部分道路将会禁止通行。

8）避难时要徒步，应尽可能少携带物品

当地震造成的火灾蔓延，出现危及人身安全、生命等情形时，需采取避难的措施。原则上以市民防灾组织、街道等为单位，在警察及负责人等带领下采取徒步避难的方式，携带的物品应控制在最小限度。绝对不能利用自行车、汽车避难。对于残疾人、病患者等在避难中，身边居民的合作互助是不可缺少的。

9）注意断崖落石、山崩或海啸

在山边、陡峭的倾斜地段，有发生断崖落石、山崩的危险，应迅速到安全的场所避难。在海边，有时会遭遇海啸，当听到海啸警报或感知地震时，要迅速到安全的场所避难。

10）不要轻举妄动，不要听信地震谣言

在大地震发生时，人们心理上容易产生动摇。为防止混乱，每个人依据正确的信息，冷静地采取行动非常重要。从手机、电脑、收音机等媒体工具中及时获取正确的信息。相信从政府、消防、警察等防灾机构直接得到的信息，决不轻信不负责任的流言蜚语，不轻举妄动。

在群众集聚的公共场所遇到地震时，不要慌乱，否则将引起秩序混乱，造成人群相互挤压而增加不必要的人员伤亡。应该有组织、有秩序地从多个路口快速撤离疏散。

3. 震前12秒自救

在地震发生前地光、地声和地面的微动往往在强震动前十几秒出现于地表，告诉人们大地震即将来临。这些临震异常现象为人们提供了一次极为珍贵的自救机会。地光的形状有片状、带状、柱状、球状，颜色以白、蓝、黄、红居多。78％的地声出现在震前10分钟之内，在临震前10余秒声响最大。

根据震区群众反映，临震前最先听到"呼呼"的风吼声，然后是"轰轰"声，接着就是"咚咚"的闷雷声，之后地面就开始晃动。地面微动可能是由于临震前震源区断层预滑，造成应力波所致。

历次大震的幸存者中，有很多人就是观察到这些临震异常现象，判断有大震来临，从而迅速采取措施避险，才躲过灾难的。例如海城地震来临前，31次快车在19点36分运行到极震区唐王山车站前，火车司机看到。在车头前方从地面至天空出现大面积蓝白色闪光。这位司机懂得地震常识，知道这是地光，判断地震即将来临。于是他沉着、果断地开始缓慢减速，在减速过程中，19点36分07秒地震发生了。由于速度非常慢，没出现事故，列车安全地停了下来。

对唐山地震部分幸存者进行调查的结果表明，地震来临前有很多人觉察到了地光、地声和地面微动。但是只有5%的人判断出地震即将来临，从而迅速逃离建筑物，保全了性命；而大多数人并没有马上意识到地震即将来临，由于行动迟缓，失掉了这最后的逃生机会。

上述事例告诉我们，掌握地震

常识，普及 12 秒自救机会的知识是多么重要。只要我们掌握了地震的相关知识，那么一旦发现异常，就能迅速采取措施避险，最大限度地减少地震所带来的伤亡和损失。

4. 地震时的安全三角区

当地震来临时，最好躲在桌下、桌旁或小开间房里，理由就是利用塌落物与支撑物形成的安全三角区提供庇护。以桌子为例，如果塌落物与桌子形成安全三角区，那么桌旁与桌下的空间都是安全三角区的一部分。但桌旁和桌下形成安全三角区是有条件的，即支撑物必须是坚固的。如果桌子被砸塌，那么以桌子作为支撑物的安全三角区也就不存在了。同时桌下和桌旁的安全空间也就不存在了。如果真有大块物体砸垮桌子，不光躲在下面的人不能幸免，就连躲在旁边的人恐怕也要遇难。因此，躲在桌旁比躲在桌下安全的说法不能成立。相反，躲在桌下比躲在桌旁更能防止较轻或小块坠落物的伤害。

另外，地震发生的概率很小，即使在地震多发区，人的一生遇到地震的次数也是很有限的。从直下型地震（震源位置所在地发生的地震）与受周边地震波及的可能性、大地震到小地震的数量比例关系等因素分析，在人所遇到的有限次数的地震中，发生一般性破坏地震的概率远大于毁灭性地震的概率。因此，多数情况下，在防止小坠落物伤害方面，桌下比桌旁要安全得多。

还有，一般性的工业和民用建筑做到"小震不坏，中震可修，大震不倒"，这也是我国抗震设防的目标。随着国家减灾战略的实施和经济实力的提高，我国越来越接近这个目标。如果我国各地都能达到这个目标，万一发生毁灭性的地震，即使房屋破坏很严重，也不会倒塌，这样就会大大减轻房倒屋塌对人的生命造成的威胁。这时候，防止小块坠落物对人造成的伤害就成为关键。很显然，此时躲在桌下要比躲在桌旁安全很多。

因此，地震发生时，桌下和桌旁都可以躲，但多数情况下，桌下可能更安全些。

5. 地震中的避险技巧

抗灾救险时，最佳的防范手段是未雨绸缪。虽然地震只发生在少数地区，但对每一个人来说，掌握避险技巧知识是非常重要的也是非常必要的。

1）就近躲避，切勿乱跑

应急避震较好的办法是震时就近躲避，震后迅速撤离到安全地方。避震应选择室内能掩护身体的、结实的物体下（旁）、开间小、有支撑的地方，且易于形成三角空间的地方，或室外开阔、安全的地方。

2）正确的避震姿势

地震发生时采取正确的避震姿势非常重要，可以减少伤亡。正确的避震姿势是蹲位、护头。自救还要掌握一定的要领，自救的要领是迅速趴在地上，让身体的重心降到最低。让脸部朝下，并保持鼻、口顺畅地呼吸。坐下或蹲下，使身体尽量弯曲。抓住身旁牢固的物体，避免地震来临时将身体滑到危险的地方。绝对不要站立不动，更不要仰躺在地。用坐垫、枕头、毛衣外套等遮住自己的头部、面部、颈部，掩住口鼻和耳朵，防止泥沙和灰尘灌入。避开人流，不要乱挤乱拥，以免造成摔倒、踩踏事件，增加不必要的伤亡。不要随便点明火，因为空气中可能有易燃易爆气体，以免造成爆炸。

3）保护好身体重要部位

在地震中保护好身体的重要部位，会增加生存概率。怎样才能保护好身体重要部位，安然无恙呢？可采用如下方法：低头，用手护住后颈部和头部。将身边的物品，如被褥、枕头等顶在头上，保护头颈部。闭眼，低头，防止塌落的物件伤害眼睛。千万记住不能只顾避震而疏忽了身体重要部位的保护。

4）捂住口鼻防止烟尘窒息

捂住口鼻是地震发生时一个非常重要的防尘措施，可用毛巾、衣服等裹住头部。若没有保护口鼻，

吸入大量灰尘和有害的气体，会使自己感到呛闷。为此，需要采取以下措施：有条件的可用手帕、湿毛巾等捂住口鼻，以免吸入烟尘，呛伤自己。如果有灰尘不断洒落下来，可用衣服等包裹住头部，防止灰尘侵害五官。千万不要奋力呼喊，因为呼喊会吸入大量烟尘，最终导致窒息死亡。更不要盲目乱拆、乱翻，使烟尘更重。

6. 不同场合的逃生自救方法

1）人口密集的公共场所

如果地震来临时，正在人口密集的公共场所，首先要保持冷静的头脑，听从现场工作人员的指挥，不要一起拥向门口，避免造成挤压伤亡。

在大商场里，可以用皮包等物品保护住头部，快速向坚固的大商

品或大柱子旁边靠拢，但一定要避开商品陈列橱柜，防止橱柜倾倒伤人。或者逃往没有放东西的通道，屈身蹲下，等待地震平息后迅速撤离。

在候机室、候车室、影剧院等地方，最好的办法是躲在椅子下。因为一般的椅子都是九合板及铸架螺丝拧紧连接在一起的，一块九合板的抗压能力不是很强，但一排排的椅背联合起来，抗压力就变得非常强了，并且一般影剧院都采用大跨度的薄壳结构屋顶，重量比较轻，地震来临时不易坍塌，即使塌下来重量也不大。所以，躲在排椅下面安全一些。前排的观众可以躲到舞池内和舞台脚下，这两个地方相对而言也比较安全。如果距安全门很近，可以视情况夺门而出，冲到室外比较空旷的地方。

如果地震来临时，正在地下商场，首先要保持冷静，用皮包等柔软物品保护好头部，迅速靠近坚固的商品或粗大的柱子，然后，再仔细地寻找出口。若是发生火灾，要想办法迅速向烟雾流动的方向移动，因为烟雾流动的方向，就是出口的方向。如果发生停电的情况，要快速寻找指示灯或紧急备用灯，以灯光来确定自己的位置和出口的方位。

2）学校

如果地震时正在上课，要听从老师的指挥，迅速躲在各自的课桌下。在室外或操场时，可原地不动蹲下，双手保护头部。注意避开危险物或高大建筑物。震后应当有组织地进行撤离。必要时可以在室外上课，暂时不要回到教室。

在楼房里的学生，遇震时千万不要乘坐电梯。如果地震发生时已经在电梯内，要就近停下迅速撤离。不要拥挤推搡，不要站在窗外，不要到阳台上去，千万不要跳楼！应迅速躲进跨度小的空间。

3）工厂

地震时，如果距离车间门比较近，应迅速撤至车间外空旷地避震。如果距离车间门较远，应迅速躲在坚固的机器和墙角下或桌椅旁，同时关闭机器的电源开关。

对于生产强酸强碱和易燃易爆品以及有毒气体的工厂，在地震发生的瞬间，应迅速关闭易燃易爆有毒有害物品的阀门和运转设备，防止爆炸、火灾、毒品外泄等次生灾害发生。

高温作业的工人，要避开铁水流淌的钢槽或炉门，防止地震时被灼伤。

4）户内

地震发生时不要惊慌，谨记不可跑向阳台，不要滞留在床上，不要跑到楼道等人员拥挤的地方去，不可跳楼，如果门打不开，要抱头蹲下。不可使用电梯，若地震时已经在电梯里应尽快离开。

如果所在的建筑物的抗震能力较好，可以在室内避震，如果抗震能力较差，应尽可能从室内跑出去。

避震位置非常重要。可根据室内状况和建筑物布局，寻找安全空间躲避。地震后房屋倒塌有时会在室内形成三角空间，包括重心较低且结实牢固的家具下和炕沿下、厨房、墙角、厕所、内墙墙根、储藏室等开间小的地方，都是可能幸存的相对安全的地点。

躲避时尽量靠近建筑物的外围，还应尽量靠近水源，这样即使被埋在底下出不来也容易获得营救，但千万不可躲在窗户下面。

当躲在卫生间、厨房这样的小开间时，尽量离煤气管道、炉具及易破碎的碗碟远些。若卫生间、厨房处在建筑物的角落里，且隔断墙为薄板墙时，就不要选择它们为最佳避震场所。

不要钻进箱子或柜子里，因为人一旦钻进去后便立刻丧失机动性，身体受限，视野受阻，不仅会错过逃生的机会，还不利于救援。

选择好躲避处后应坐下或蹲下，脸朝下，额头枕在两臂上，不可躺卧，因为躺卧很难机动变位，而且躺卧时人体的平面面积会增大，被击中的概率要比站立时大5倍。

抓住身边牢固的物体，以免震时因身体失控移位或摔倒而受伤。保护头颈部，低头，用手护住后颈或头部；保护眼睛，低头、闭眼，以防异物伤害；保护鼻、口，有条件时可用湿毛巾捂住口、鼻，以防毒气、灰土。

一旦被困，要设法与外界联系，除用手机联系外，还可以敲击暖气片和管道，也可打开手电筒。

5）户外

就地选择开阔地趴下或蹲下，不要乱跑，不要随便返回室内，避开人多的地方。还应远离高大的建筑物，如高大烟囱、水塔、楼房等，特别是要躲开有玻璃幕墙的高大建筑。

避开悬挂或高耸的危险物，如电线杆、广告牌、变压器、路灯、吊车等。避开危险场所，如危旧房屋、狭窄街道、高门脸、危墙等。避开立交桥等一类结构复杂的构筑物，不要停留在立交桥、过街天桥的上面和下方。

6）野外

如果地震时在野外，避开山边的危险环境：避开陡崖、山脚，以防滚石、山崩、泥石流等，避开陡峭的山崖、山坡，以防滑坡、地裂等。

注意躲避滑坡、山崩、泥石流，如果遇到滑坡、山崩、泥石流，要向与滚石前进垂直的方向跑，切不可顺着滚石方向往山下跑，也可躲在结实的障碍物下，或蹲在坎下、地沟，特别要保护好头部。

7）被困于交通工具上

如果地震来临时，正在火车里，司机要尽快减速，逐渐刹车，一定不能急刹停车，因为紧急刹车会造成车体出轨翻车。旅客要迅速离开车厢的接合部位，如果靠近窗口，要离开窗口。用手或衣物等保护好头部，注意防止行李从行李架上滑落伤人。如果感觉车速不是很快时，要用手紧紧地抓住座椅、茶桌或牢固的物体，保持身体平衡。

如果车速很快，要采取一定的防御措施，避免火车脱轨时受伤害。面向行车方向而坐的

乘客，应该两手抱住头部，立即俯身面向通道；背向行车方向而坐的乘客，应该抬膝护腹，并用两手护住头部和颈部，紧缩身体做好防御姿势。

如果是在通道中，要迅速躺下来，双脚朝向行车方向，最好是将脚尖蹬住椅子或车内其他固定物体，双手护住后脑部，屈身用膝盖贴住腹部。如果车内人群混乱，就不可采取这种方法。在人群中，应该立即紧缩身体，用双手抱住后脑

部做好防御姿势。

如果没了解清楚具体情况，千万不要贸然跑出车外，因为铁路架设有高压电线，容易导致高压线触电事故的发生。此时，应听从有关人员或司机指挥。如果通道内发生进水的情况。不要惊慌，应沉着冷静地从列车中走出，然后沿着墙壁朝出口处移动。

乘坐汽车发生地震时，司机应立即将汽车停靠在地基平坦、结实，周围没有坍塌物威胁的地方，熄火停车。尽快离开汽车，以免遭到火灾、爆炸等引起的伤害。

行驶在高速公路或桥梁上，应马上刹车，千万注意不要与别的汽车发生碰撞，将车靠边停下来，熄火停车。如果情况非常紧急，不得已要跳车，需抓住车以外的固定物，以免直接落到公路上或河流里。另外，尽量移到高速公路或桥梁的接合部位，因为这个部位相对安全一些。

8）被淹于水中

地震时常常会引发水灾，如果被淹没在急流中，千万不要惊慌，

要努力寻找能漂浮的物体，如门板、塑料桶、木器家具等，尽快向岸边游去。不要逆流而上，而应该顺流而下，因为这样可以减少体力消耗。如果自己不会游泳，有一点非常重要，也是能否生存的关键，那就是在身体下沉之前，拼命吸一口气。下沉时，要咬紧牙齿，紧闭嘴唇，憋住气，并同自己的恐惧心理作斗争。此时不能张嘴，要沉着，千万不要在水中胡乱挣扎，要冷静地等待再次浮上水面的机会。只要头一露出水面，就要赶紧呼吸新鲜空气并寻找漂浮物。如果寻找到漂浮物一定要牢牢抓住。不管怎样，最明智的做法是不将手举出水面并使身体倾斜，这样更容易浮起来，还可以采用狗刨式的姿势，拼命向岸边游。

9）被埋于废墟下

强烈的地震往往会造成大量房屋倒塌，使人的生命安全受到严重的威胁。1976年河北唐山大地震，唐山市区约80%的人员被埋压在废墟里。1983年11月7日山东菏泽发生5.9级地震，大量房屋倒塌，2万多人被埋在废墟下。由于开展自救活动迅速，90%以上被埋压人员都在2个小时内获救，经过及时治疗，生存率达99.2%。由此可见，在地震发生时被埋压在废墟里，如果能迅速自救，就会大大减少伤亡。那么如何进行自救，就成了人们关注的焦点问题。

如果震后被埋压在废墟里，首先要消除恐惧心理，鼓起求生的勇气，然后应保持冷静，仔细观察，迅速判断自己的处境，根据具体情况想出逃生的对策。一定要沉得住气，树立生存的信心。要千方百计坚持下去，相信一定会有人来救自己，耐心等待救援人员的到来。

要保护自己能够不受新的伤害。第一次地震发生后，余震会不断发生，自己身处的环境还可能进一步恶化，并且需要一定的时间，救援人员才能到来。因此，这个时候要尽量改善自己所处的环境，先稳定下来，然后想方设法脱险。被埋压在废墟下，即使身体没有受到伤害，也还有被烟尘呛闷窒息的危险，因此要注意用衣服、手巾或手捂住口鼻，避免意外事故的发生。另外，要想方设法将手与脚挣脱开来，并利用双手和可能活动的其他部位清除压在身上的各种物体。最主要的是要清理压在腹部以上的物体，使自己能够呼吸正常。用砖头、木头等支撑住可能塌落的重物，努力将"安全空间"扩大，保持足够的空气以供呼吸。在移动身边的物体时要注意避免塌方。

也可寻找利器，如木棍、小刀、玻璃、铁钉、钢筋等物，小心地凿通气孔。要注意清除口内的尘土、泥沙和异物等。尽力寻找身边的水源、药品、食品等，如摸到一块糖、一瓶饮料等，并要有节制地使用这些物品，竭尽全力维持生命。然后要仔细检查自己的伤口，如果有外伤，要先进行止血、包扎。

要设法自行脱险，如果不能脱险，要及时发出求救信号，等待救援。仔细听听周围有没有其他人，听到人声时用石块敲击墙壁、铁管，以发出呼救信号。观察四周有没有光亮或通道，判断、分析自己所处的位置，从哪个方向可能脱险，然后试着排开障碍，开辟通道。如果椅子、窗户、床等旁边还有空间的话，可以仰面过去或者从下面爬过去。爬行时，可以采用卧式或侧式两种方式。卧式是将胳膊肘紧贴身体，把手放在肩的下边朝前爬动，或者用胳膊肘支撑身体交替着匍匐前进。侧式是侧身躺下来，靠身体的侧面和一只手来支撑，并用一只脚蹬动前进。累了，

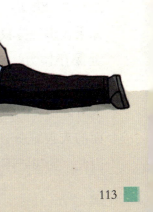

可以调过身子，再以同样姿势慢慢向前移动。倒退时，要把带有皮扣的皮带解下来，把上衣脱掉，以免中途被阻碍物挂住。最好朝着有空气和光线的地方移动，身体尽量放松，不要太紧张，否则在通过狭窄的地段时将会发生困难。头朝下往下滑行时，一只手要放到身体的侧面，不要将两手都放在前面，这是防止身体失去平衡的必要措施。

如果暂时不能脱险，要保护好自己，耐心地等待救援。被埋在废墟里，要稳定自己的情绪，对自己所处的环境作出正确的判断，最终作出等待救援或自行逃生的结论。如果开辟通道费力过多，费时太长，则不应自行逃生。如果周围非常危险，有不牢固的床板、电路、玻璃、水池，也不应逃生，或者自己所处的房屋年久失修，一有震动很可能会倒塌，也不要轻举妄动。如果作出等待救援的决定，就要尽量保存体力。首先，不要大叫大喊。通常情况下，被压在废墟里的人听外面人的声音比较清楚，而外面的人很难听到里面发出的声音。因此，如果听不到外面有人，无论怎样呼喊都无济于事，听到外面有人时再呼喊，才有被营救的可能。长期无效的呼喊，会大量消耗体力，增加死亡的威胁。与外界联系的呼救信号有很多，除了呼喊外，还可用敲击墙壁、管道等一切能使外界听到的方法。其次，被压埋在废墟下，要想方设法寻找水和食物，俗话说，饥不择食，要想生存，只能这样做。唐山地震时，一位居民被压埋后，靠饮用床下一盆没有倒掉的洗脚水，生存下来。另一位中年妇女，靠饮自己排出的尿，坚持了10多天，最后终于得救。

自行脱离危险后，要消除危险，关闭煤气开关，灭掉明火，切断火源、电源，并尽快与家人或学校、单位取得联系，到地震来临前商定的家庭团聚地点集合。或者在有关人员的指导下，积极参加互救活动，按科学的方法救助他人。

7. 地震中的正确做法

（1）保持镇静

在地震中，不少无辜者并不是因房屋倒塌而挤压伤或被砸伤致死，而是由于精神崩溃，失去生存的希望，乱叫、乱喊，在极度恐惧中自己"扼杀"了自己。这是因为，乱喊乱叫会增加氧的消耗，加速身体的新陈代谢，使耐受力降低，体力下降；同时，大叫大喊，会吸入大量烟尘，易造成窒息，增加不必要的伤亡。正确做法是：无论环境多么恶劣，都要保持镇静，分析自己所处的环境，寻找出路，耐心等待救援人员的到来。

2）妥善处理伤口

挤压伤和砸伤是地震中常见的伤害。开放性创伤外出血要首先止血，抬高受伤部位，同时不停地呼救。一般情况下，开放性骨折，要用清洁纱布覆盖创面，做简单固定后再进行运转。不要做现场复位，以防止组织再度受伤，要按不同要求对不同部位的骨折进行固定。还要参照不同伤情、伤势进行分级、分类，送医院进一步处理。

处理挤压伤时，要设法尽快解除重压，对于大面积创伤者，要保持创面清洁并用干净纱布包扎创面。如果怀疑有破伤风感染，应立即与医疗救援人员联系，及时诊断和治疗。对大面积创伤和严重创伤者，为预防休克，需要口服糖盐水。

（3）防止火灾

地震常常会引起多种次生灾害，火灾是常见的一种。在大火中应尽快脱离火灾现场，可以用湿衣服覆盖身上冲出火海，如果身上已着火应立即脱下燃烧的衣帽，或卧地打滚，也可用水直接浇泼灭火。但是千万不要用双手扑打火苗，这样会引起双手烧伤。如果被烧伤要立即用清洁布料或消毒纱布包扎，然后送医院进一步处理。

下面是人们对地震灾害的经验总结。

避灾自救口诀

大震来时有预兆，地声地光地颤摇，
虽然短短几十秒，做出判断最重要。
高层楼房往下撤，电梯千万不可搭，
万一电路中断了，闷在梯内出不来。
平房避震有讲究，是跑是留两可求，
因地制宜做决断，错过时机诸事休。
次生灾害危害大，需要尽量预防它，
电源燃气是隐患，震时及时关上闸。
强震颠簸站立难，就近躲避最明见，
床下桌下小开间，伏而待定等救援。
震时火灾易发生，伏在地上要镇静，
沾湿毛巾口鼻捂，弯腰匍匐逆风行。
震时开车太可怕，感觉有震快停下，

赶紧就地来躲避，千万别在高桥下。
震后别急往家跑，余震发生不可少，
万一赶上强余震，加重伤害受不了。

8. 避震时常犯的错误

地震中的逃生，必须采用正确、科学的方法，逃生过程中的一点小错误，都有可能因此而丢掉性命。下面列出了地震逃生过程中的九大危险举动，一定要牢记于心，千万要杜绝。

①地震来临时，如果你正在屋内，试图冲出房屋是十分危险的举动，伤亡的可能性非常大。

②如果在室外，靠近电线杆、楼房、树木或其他任何可能倒塌的高大建筑物，这是危险的举动。

③躲在地下通道、隧道或地窖内是危险的。因为除非它们非常坚固，否则这些地区会被震塌，即使没有震塌。地震产生的瓦砾碎石也会填满这些地区或堵塞出口。

④地震来临时，关闭门和窗都是非常危险的。木制结构的房子容易倾斜，导致房门打不开。所以，不管是冲出去还是待在室内，都要打开房门。

⑤大地震发生时，忘记保护身体逃生是危险的。书架上的书及隔板上的东西等都可能往下掉。

⑥如果夏天发生地震，裸体逃出房间十分危险，而且也不文雅。赤裸裸的身体容易被四处飞溅的玻璃、火星及金属碎片伤害。

⑦地震来临时，在路上奔跑是很危险的。这时候，到处都是飞泻而下的门窗、招牌等物品。

⑧地震时，躲避于桥下或停留于桥上均是非常危险的。大桥有时候会被震塌，使人坠落河中。

⑨地震来临时，靠近海边是非常危险的。地震有时候会引发海啸，海啸掀起的海浪会急剧升高，如果人在海岸边很危险。

地震中的互救

1. 震后救援应遵循的原则

地震发生后，人们就会真正明白"时间就是生命"的内涵。据对1983年山东菏泽地震的统计，地震发生后，在20分钟内救出了37.6%的被埋压人员，救活率高达98.3%；在震后1小时，救出了98.3%以上的被埋压人员，但救活率只有63.7%；在震后2小时还没有被救出的人员中，死亡人数的58%是因窒息而死。

震后救人，首先要做到及时、快捷，迅速壮大救人的队伍，让更多的人获救。在救人时应遵循以下原则：

1）先救近处的人

不论是邻居、家人，还是萍水相逢的路人，只要近处有人被埋压就要先救他们。相反，舍近求远，往往会错失救人的良机，造成不应该发生的损失。

2）先救青壮年

青壮年相对而言，年轻力壮，易于救治，而且若是伤无大碍，青壮年还可以迅速补充到救灾队伍中来，可以在抢险救灾中发挥很大的作用。

3）先救容易救的人

这样可加快救人速度，尽快扩大救人队伍。

4）先救"生"，后救"人"

每救一个人，只把这个人的头部露出，能够呼吸就可以，然后马上去救别人，这样可以争取在较短的时间内多救一些人。

2. 震后救人的步骤

　　震后救人，条件、环境十分复杂，因此要因地制宜，根据具体情况采取相应的办法，关键是保障被救人的安全。这里给出救人的一般步骤、程序和方法，以及应注意的事项：

1）定位

　　根据求救声、呼喊声寻找被埋压人员，判定被埋压人员的位置。

根据现场具体情况，采用多种办法和方式分析被埋压人员可能所处的位置。

2）扒挖

　　扒挖时要注意幸存者的安全。当接近被埋压人时，应放弃使用利器刨挖。扒挖时要特别注意分清哪些是一般的埋压物，哪些是支撑物，不可破坏原有的支撑条件，以免造成塌方，对被埋压者造成新的

伤害。扒挖过程中应尽早使封闭空间与外界沟通，让新鲜空气注入，以供埋压者呼吸。

3）施救

一定要保证幸存者的呼吸。首先将被埋压者的头部暴露出来，然后将被埋压者口、鼻内的尘土清除，再使其胸腹和身体其他部位露出。对于受困者无法自行出来的，要暴露全身，然后抬救出来，千万不能生拉硬拽。

4）护理

救出被埋压者以后要给予必要的特殊护理。对于在饥渴、窒息、黑暗状态下埋压过久的人，救出后应给予特殊的护理：为了避免强光刺激，要用布蒙上被救者的眼睛，不能让被救者进食过多，不能突然接受大量的新鲜空气。被救者的情绪不能过于激动。如果被救者身上有伤，要就地做相应的紧急处理。

5）运送

对于那些被救的人员要分情况处理。对救出的危重伤病员、骨折伤员，运送过程中应该有相应的护理措施。对重伤员，应送往医疗点或医院进行救治。

应特别注意的是，救人过程中要把安全放在第一位。否则将会对被埋压者造成新的伤害。在河北唐山大地震救人过程中，就发生过踩踏了已经倒下的房盖，使房盖下本来可以获救的被埋压者不幸身亡的悲剧。扒挖时一定不要用利器，因利器伤人致命的事也曾发生过。因此，在抢救他人时，一定要用科学的方法救人，千万不能鲁莽行事。

3. 震后互救的重要性及要点

专业的抢险营救人员以及已经脱险的人营救被压埋在废墟中的人的活动称为互救。地震后，外界救灾队伍不能在很短的时间内赶到受灾现场，在这种情况下，灾区群众应积极进行互救，让更多被埋压在废墟下的人员有获救的可能。这是减轻人员伤亡最有效、最及时的办法。抢救得越早、越及时，伤者获救的希望就越大。据有关资料显示，在地震发生后20分钟内获救的人，救活率大于98％；在1小时内获救的人，救活率为63％；震后2小时还无法获救的人员中，死亡人数中 58% 是因窒息死亡。在 1976 年唐山大地震中，几十万人被埋压在废墟中。灾区群众通过自救、互救，使大部分被埋压人员保住了宝贵的生命。灾区群众参与互救在整个抗震救灾中起到的作用是无可替代的。

互救过程中应根据"先易后难"的原则，先抢救建筑物边缘瓦砾中的幸存者，附近的埋压者以及学校、医院、旅馆等人员密集地容易获救的幸存者。

救助时，应注意搜听被困人员的呻吟、呼喊或敲击声，根据房屋结构，确定被埋人员的准确位置，制定抢救方案。不能破坏埋压人员所处空间周围的支撑条件，避免引起塌方，使被埋压人员再次遇险。

抢救被埋人员时，应先使其头部暴露出来，尽快让新鲜空气流入被困者的封闭空间。不可用利器挖刨，挖扒中如果尘土太大，要喷水降尘，避免造成被埋压者窒息。

对于埋在废墟中时间较长的幸存者，应先供给食品和饮料，然后边挖边支撑，注意不要让强光刺激被埋压者的眼睛；埋压过久者救出后不要急于进食，也不应急于暴露眼部。

对抢救出的危重伤员，应迅速送往医院或医疗点，不要安置在废墟中或破损的建筑物中，以防余震发生。抢救出来的轻伤幸存者，可迅速加入互救队伍，从而增加救援队伍，更为有效地展开救助活动。

4. 震后互救注意事项

互救在抗震救灾中的意义非常重要，特别是在救援力量未到达的情况下，灾民互救更是不可缺少的救生措施。互救时需要注意以下几点：

1）时间要快

调查结果显示，震后 2 小时还无法获救的人员中，58% 的人是因为窒息而死亡的。如果救助及时，这些窒息死亡的人，是完全可以保住性命的。因此，在整个抗震救灾中，灾区群众参与及时互救行动，起到的作用是不可替代的。

2）进行援救时寻找伤员的方法

根据我国多年来积累的地震知识和经验，总结出以下几种方法来寻找伤员，即"问、听、看、探、喊"五字箴言。

问：就是询问地震时，与伤员在一起的当地熟人、同志和亲友，指出伤员的可能位置，了解当地的建筑物分布情况和街道情况；听：就是贴耳侦听伤员的呻吟声和呼救声，一边敲打一边听，一边听一边用手电照；看：就是仔细观察有没有露在外边的肢体或衣服血迹或者其他迹象，特别注意房前、床下、门道、屋角处等；探：排除障碍能够钻进去的地方或者是在废墟空隙寻找伤员。这时要注意有无爬动的血迹及痕迹，以便寻找已经筋疲力尽的被困者；喊：就是让伤员亲属和当地熟人喊遇难者姓名，细听有无应答之声。

通过以上5种方法，先找到伤员所在的位置，然后再根据具体情况，采取合适的援救方法对其进行营救，将伤员救出，并逐步扩大援救范围。

（3）互救的方法

确定被埋压人员的位置。根据建筑结构特点判断或通过呼叫、询问、搜寻确定被埋地址，在废墟中也可用敲击或喊话等方法传递营救信号。弄清楚被埋压人员的身体部位的位置，特别是头部方位后，首先把头露出来，避免窒息，然后迅速清除口鼻内灰土，进而暴露其胸腹部。

应使用铁杆、铲等轻便工具和被单、衬衣、毛巾、木板等方便器材进行施救，不要伤及被埋压人员。不要破坏被压人员所处空间周围的支撑条件，避免引起新的垮塌，使原本可以获救的人再次遇险，增加伤亡。尽快将被埋压人员的封闭空间打通，使新鲜空气流入。挖扒中如果尘土太大应喷水降尘，以免造成被埋压者窒息。

被埋压时间很长，一时又难以救出的，不要强拉硬拖，可设法向被埋压者输送食品和药品、饮用水来维持其生命。对受伤、窒息、饥渴较严重、被埋压时间又较长的伤员，被救出后要用深色布料蒙上眼睛，避免其受强光刺激；对伤者，根据受伤轻重，采取包扎或送医疗点抢救治疗。

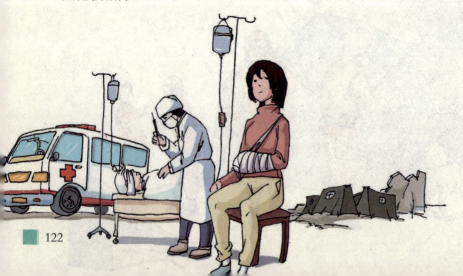

古今中外大地震纪实

GUJIN ZHONWAI DADIZHEN JISHI

第4章

1303年中国山西洪洞大地震

山西省汾河流域是一个多地震的区域，是华北地震带的重要组成部分。汾河流域在历史上是一个文化经济发达地区，关于一些重大的地震当地各城乡都有详略不一的文字记录。公元1303年9月17日北京时间傍晚8点左右，晋南广大城乡忽然大风骤起，声如巨雷，山摇地动，山崩滑坡，地裂渠陷，村堡移徙，这就是历史上记载较为详细的洪洞赵城附近的8级大地震。这次地震的破坏区北到太原、忻定，南达运城及河南、陕西等省的部分地区。山西、陕西、河南三省有51个府州县的志书记载了这次地震的破坏情况。破坏面积沿汾河流域分布，南北长500千米，东西宽250千米，极震区烈度达11度。

这次地震的破坏和伤亡极为惨重。霍县、赵城、洪洞一带南北长44千米、东西宽18千米的范围内，房屋几乎全部倒塌，官署民舍、庙宇塔楼无一幸免。赵城县郇堡发生大规模地滑，地滑范围从东北的郇堡桥、韩家庄至西南的营田、北郇堡一线，地滑体长约1600米，宽1400米，滑体上的村落随滑体迁徙好几千米，滑动体并摧毁许多村堡、水渠、道路。地滑体附近及其以南的马头村一带还同时发生泥石流和河岸坍陷。这次地震灾难席卷赵城以北的霍县、灵石、介休、孝义、平遥、汾阳、祁县、徐沟和南部的临汾、浮山、襄汾、曲沃等地，官民房舍均荡然无存，地裂城陷到处可见。在其外围，北至忻县、定襄，南到河南沁阳，东至长治、左权，西到大宁、陕西朝邑，均遭到不同程度的破坏。整个震区几无完屋。即便是墙厚地基好、柱粗梁多、抗震性能好的寺观、庙宇、官署、儒学等大型古建筑，亦被毁1400多座。但位于临汾盆地与运城盆地之间峨眉台地上的万荣、稷山、临猗三县所遭破坏较为轻微，特别是建筑在峨眉台地顶端

的"风伯雨师庙"完好无损。除建筑本身具有良好的抗震性能外，还与台地的地基性质良好密不可分。由于该台地构造不太发育，其上覆盖着几十米至百米以上的第四系黄土，潜水面深达百米以下，地震时不出现砂土液化、地基失效等现象，使建筑物免遭震动以外的其他因素的影响，因此灾情相对轻微。

关于这次地震的死亡人数，吉县《大帝庙碑》所记"河东地震，压伤者二十余万人，屋之存者什之三、四"。万历《临汾县志》记

"于时死者二十余万人，祸甚惨毒"。《元史·地理志》记载，当时太原路辖二十余府州县，包括今太原市、晋中、忻州和吕梁地区的大部，人口为155 321人，平阳路辖五十余府州县，包括今临汾、运城、晋东南地区的大部和晋中地区部分，人口为270 121人。两路合计共有人口425 442人，这次地震的死亡人数约占人口总数的50%，极震区各县高达70%。孝义县贾家庄元墓砖壁上的题记称"倒尽房屋，土平，人民均死无人埋葬"。由于灾情惨重，元成宗铁穆耳发钞九万六千五百锭，遣使赈济，伊免差税，开放山场河泊，听民采捕，以渡灾年。大震后余震数年不止，加之连续三年天旱无收，人民饥寒交迫，流离失所。这次地震灾情如此严重，除因地震震级很大之外，地震发生在晚8时左右，人们多在室内，房屋倒塌也是重要原因。在临汾，地基失效加重了建筑物的震害，该区域建筑质量（特

别是土墙房和土窑洞）很差，极不抗震，加上震前无有感地震，人们毫无警觉和提防，震后各家都失去自救能力，当时又无救灾力量赴现场，遇难者难以得救，因而形成了惨重的灾害。

1695年中国山西临汾大地震

古时的平阳就是山西临汾，是高祖光文皇帝曾经建都的地方。在山西省这是一块富饶肥美的地区，其南约50千米处的曲沃，是春秋时晋国的首府，也是富饶之乡。

公元1695年5月18日晚上8时左右，我国山西省临汾发生大地震，震级8级，震源深度15千米，

死亡52 600余人。

这次大地震发生的时间与392年前洪洞大地震发生的时间同在晚上8时左右，也同为8级大地震，十分巧合。

这次地震也称为"平阳地震"。地震发生时，响声如雷，地动山摇，城倒屋塌，烈火烧天，黑水涌地。地震波及范围北达山西右玉，南达湖北谷城，西达甘肃平凉，东达山东滕县。受地震影响的125个府州县记载了这次地震遭受破坏的情况。

当时临汾城，人口稠密，官署林立，据记载，地震时"有声如雷，城垣、衙署、庙宇、民居尽行倒塌，压死人民数万。"临汾、襄汾一带受灾最重。襄汾县黑水涌地，城垣、学校、公署、民居也倾覆殆尽。

这次地震还使汾河两岸的灌溉水渠遭到严重破坏。临汾长达50千米的通利渠被地震塌断，合渠民田皆成旱地。洪洞县利泽渠，在赵城卫店村西，引导汾水灌溉洪洞、临汾两县农田，其规模与通利渠相当，地震时也完全塌毁，严重影响了当地的农业生产。

1739年中国宁夏平罗、银川大地震

银川是塞上名城，西依贺兰山，唐徕渠流经城边，是宁夏回族自治区的首府，是自治区政治、经济、文化和交通中心。平罗在银川北约50千米。

1739年1月3日，我国现宁夏回族自治区平罗、银川发生了8级大地震。震源深度约20千米。地震造成约5万余人死亡。

这次大地震给当地造成了严重灾害。银川平原内的城镇村庄房倒屋塌，平罗南北约25千米范围内及银川受灾最为严重。平罗城垣房舍，全部倒毁，有些平地突起成丘埠，有些平地下陷成沼泽，许多地方出现裂缝，缝宽数米。

银川城的文庙、学宫、东西魁阁、承天寺塔、西塔、海宝塔、永祥寺、土塔寺、清宁观、三清观、关帝庙、岳武穆庙、城隍庙、方妃祠、药王洞、四座牌楼、三座牌坊等数十处古建筑均被毁，岳忠武碑折断，陷入地裂缝中。

这次大地震发生在寒冷的冬季，地震时，当地居民多在室内，室内又多有火炉。因此，当大地震发生时，因房屋倒塌、起火，大多数人被压死、烧伤。又因火源外溢，引发大面积火灾，且许多城镇几乎同时起火，火势凶猛，无法及时扑救，许多地方的大火竟燃烧了5昼夜才熄灭。不仅官兵民马被大火烧死，就连当时银川总兵官署的印信也被大火烧毁。大火还烧毁了未倒的房屋和屋内的衣物粮食，致使灾民无食、无衣、无住处，当时未被地震压死的幸存者，也大多在冻饿中死亡。

银川附近是黄河冲积平原，大地震发生时，地基液化失去承载能力，使地表大面积发生不均匀沉陷，其显著的现象是新渠县城南门下陷数尺，北城门洞仅残存如月牙状；宝丰县城廓仓廒半陷入地下；银川老城东北2千米左右的满城，城垣下陷，东、南、北三门均不能出入，仅西门勉强可供行人来往。经过这次地震，新渠、宝丰、满城三座县城多处沉陷为水塘，不能再修建城堡，地震后，不得不外迁另建城池。

地震期间发生的地基液化使地面大面积沉陷，积水成沼；同时在地震期间产生的地裂缝中，还有地下水沿裂缝喷涌，并挟带出大量泥沙，毁坏了许多田地和水渠，致使黄河沿岸至贺兰山麓成为沙海，或冻结成冰；在地震期间，河水也因许多裂缝涌水而泛滥，涌进城乡，当时许多地方水深 1～2 米，形如一片汪洋。致使地震时未被震倒的房屋，大多又被水淹没毁坏；地震时未被压死的人畜，在水灾中又被淹冻而死，这也加重了灾情。

西方记载最早的地震灾难——1755年葡萄牙里斯本地震

位于欧洲西南部伊比利亚半岛西部的葡萄牙共和国，特别是该国西南沿海，处于欧亚地震带的西端附近，是一个多地震的地区，位于特茹河入海口的里斯本地区，1009、1344、1531、1755 和 1941 年 都曾发生过大地震，其中 1755 年 11 月 1 日大地震造成的灾害最严重，这也是西方有较详细记载的最早的一次地震灾难。

1755 年 11 月 1 日是万圣节，上午 9 点 40 分里斯本的几千名教徒正在教堂做第一次弥撒，全城对地震灾害毫无戒备，这时地下突然发出闷雷似的巨大恐怖的声音，旋即大地剧烈地震动起来，历时约 30 秒钟，顷刻间城市的大部分就遭到破坏。十几分钟后，10 点钟再次发生强烈震动，建筑物继续大量倒毁，持续了约两分钟。没隔多久，中午第三次强烈震动，使里斯本及葡萄牙西南部的所有村镇彻底成为废墟。地震时由于炉灶翻倒起火，当时又刮起了大风，风助火势，焚烧了 6 昼夜。强烈震动时，特茹河河口的河底裂开大口，一开一合，把码头，居民和船只一起吞下。里斯本的 2 万多所房屋中有四分之三在地震中全部毁坏，在全城 20～25 万居民中死亡 5～6 万人，其中有 8 000 多人是坠入地裂缝中被夹死的。沿海岸和河谷到处都是山崩地裂。

震动远传至欧洲各国，数百千米外的西班牙科尔多瓦、格拉纳达和摩洛哥非斯、梅克内斯等城市都遭到破坏。

这次地震引发的海啸浪高近 30 米，进退 10 余次洗劫里斯本沿岸地区，震害，火灾之后接踵而至的水患，使人们处于水深火热之中不堪其苦。海啸也使西班牙、摩洛哥、法国、英国、德国等国的沿海地区遭受灾祸，巨波还横扫大西洋到达美洲和西印度群岛。这次地震在世界地震灾害史上留下了恐怖的一章。

1897年印度阿萨姆邦大地震

印度的阿萨姆邦，北与我国西藏为邻，其主要的河流布拉马普特拉河，是西藏雅鲁藏布江的下游河流。

1897 年 6 月 11 日 23 时 45 分印度东北部阿萨姆邦发生 8.7 级大地震，震中位于布拉马普特拉河畔的高哈蒂附近。53 年后与阿萨姆邦邻近的西藏墨脱又发生 8.6 级大地震，震级之高，都是少有的。据记载，大地震发生前一两秒钟，地声如雷，旋即大震，地震摇动约 40 秒钟，使附近地面上的建筑物皆被摧毁，几成废墟。这次大地震使 1 600 千米以外的地方均有人感到震动。

大地震时，地面起伏推移如波涛前进，且有旋转运动，使人晕眩呕吐，犹如晕船；地面出现的裂缝和喷水、冒沙现象普遍而严重，地裂缝的分布多与山脉平行，泥水喷得很高，喷口附近喷出的泥沙，堆积成锥形小丘。

地震时，又产生了新断层，例如，齐庄断层长约 20 千米。断层两侧错开约 10.5 米，断层与河流的流动方向大致平行，但在河流弯曲处却与河流相交，切断河流，使河流形成瀑布和湖泊。

大地震使地表发生大面积升降变形，升降幅度达 10 米以上，一些平地上升成为山丘，另一些山丘和平地却下降成为湖沼。有些地方原来被山丘挡住，看不到远处的景物，大地震后因山丘崩塌和平地下陷，使远处的景物尽收眼底。

大地震时，有一位英国物理学家奥尔德姆正在离震中几十千米的阿萨姆邦行政中心西隆，他亲身感受了这次大地震，并记载了当时的情况。他写道："那时候（指大地震发生的时间即印度当地时间 1897 年 6 月 12 日）大约是早晨 5 时 15 分，我刚好外出散步，一阵近似雷声的深沉声音突然响起来，人瞬间感到地面在剧裂地摇动，有几秒钟几乎无法站立。我立刻在路上坐了下来，感到地面在向前后左右剧烈地摇摆，第三、四次震动比第一、二次震动大得多，地面在来回晃荡，好像"软果冻"摇动时的情况。在震动中，路面上立刻出现了一条长裂缝，3 米多高的水渠土堤被摇倒了，并有一处裂口，马路边

0.6 米高的土埂被摇坍成平地。视线之内的学校建筑物，在第一次震动时，就像"发抖"似的，墙壁上的泥皮大块地掉落下来。几秒钟后，整个建筑物即弯曲折裂倒塌下来。可看到在震动结束时，西隆的每一所房子都布满'疮痍'，被尘埃和泥土所覆盖。我的印象是震动大概持续了约 1 分钟，后来的震动（余震）又持续了一段时间，但最初 10～15 秒的震动造成了最大的破坏，或几乎造成了全部破坏"这段记载使人感到既生动，又具体，为后人提供了珍贵的材料。

奥尔德姆对当地建筑物的破坏的情况记载如下："西隆的房屋分为三类：第一类是石料建筑物，多被地震夷为平地，大多数桥梁倒坍，著名的教堂只留下一大堆沙土、石块、残破铁皮和破碎的屋顶。四面的墙壁看不出哪个方向破坏轻微，每块石头都被震松动了，朝墙的两边坍塌。堆积在沿路边高约 30 厘米的碎石堆也被震平，表现出一些圆形的花纹。两座高约 6～10 米的纪念碑被完全震坍，只残留下不高的水泥基础，碑上的石块均从各个方向倒下来，形成一堆圆形的残破石块堆；第二类是混合建筑物，即木构架和外涂灰泥为墙的建筑物，这样的建筑物有一半同石料建筑同样地倒塌了，较大的建筑物多向内倒塌，石料烟囱无一幸免。小型建筑的附属小屋和农村小屋虽只有裂缝及灰泥脱落，但因屋顶的石料烟囱倒塌，而被砸坏，新建的房屋虽未受损，也多被烟囱石块砸伤；第三类是木结构建筑物，即木构架、厚木板墙和厚木板顶。这类房屋一般都较小，而且不与地面紧密连接，受损害较轻微，除支持房屋的石料被破坏之外，一般均屹立无恙。"

1906年美国加州旧金山地震

1906 年 4 月 18 日凌晨，当地时间 5 点 12 分，人们睡梦正酣，大地突然震动起来，教堂狂乱鸣响的钟声、房屋倒塌的轰响以及隆隆的地声交混在一起，犹如天塌地陷般的恐怖，令人惊心动魄。

地震开始时震动较轻，约 40

秒钟之后达到高峰，又突然停止了约10秒钟，而后又是更强烈的震动，持续了约25秒钟，之后是一连串的余震。一分钟内，旧金山及其他许多城镇面目全非，旧金山的房屋完全倒塌或变形，街道像波浪一样起伏不平，人行道断开龟裂，电车轨道弯曲变形。房屋倒塌、烟囱坍落和地裂缝造成大量伤亡，死亡约750人，财产损失达5亿美元。

地震时由于烟囱倒塌、堵塞及火炉翻倒，旧金山市有50多处同时起火。地震破坏了大部分上下水道和消防站，导致警报系统失灵。由于自来水管道破坏漏水，很快水源枯竭。消防人员只好从沟渠、水塘和井里抽水。由于火势过旺，温度不断升高，本来耐火的建筑也因内部温度达到燃点而自燃起火，有限的水浇上去有如火上浇油，适得其反。消防人员不得不试图在市内用炸药炸开一条防火带，但未能成功。大火在三个地区持续燃烧了三天三夜，10平方千米的市区被完全烧光。最后在靠近大火边缘的地段，消防人员用炸药炸开了一条防火带，才控制住火势。

旧金山地震是一个典型例子，它告诫人们，大地震可引发严重火灾。旧金山大地震时，虽然大部分水源地的蓄水库未受破坏，但自来水管道却几乎完全损坏。灾后查明凡是在坚固地基上的自来水干线破坏较轻微，而松软地基或沼泽地上的管道则多半破裂或扭曲，供水不足或断水严重影响了救火的时机，致使火灾发展到无法控制的地步。处在地震区的大城市，精心设计供水系统，并在普通供水系统之外建立单独的辅助高压消防系统，已成为城市抗震防灾的一个重要方面。

1908年意大利墨西拿地震

1908年12月28日凌晨，在意大利南部西西里岛的墨西拿海峡的海底发生了里氏7.5级大地震。此次地震共造成11万人死亡，是欧洲有史以来死亡人数最多的一次地震。地震过后，高耸于墨西拿市区的钟楼倒塌了，地标性建筑帕拉佐-卢蒂诺像空中楼阁一样坍塌了，长官衙署和戏院都分崩离析，瞬间化为废墟。同时，墨西拿海峡

两岸的陡峭悬壁像积木散架似地纷纷坍塌，坠落海中。

海底的变动引发了惊心动魄的海啸，在近海岸掀起 5～6 米高（局部高达 10 多米）的巨大海啸波，涌浪以 200 多千米的时速咆哮着横扫海岸，几乎完全摧毁了海峡两岸的墨西拿和雷焦卡拉布里亚市，港口完全被咆哮的海水吞没，45 个村庄遭到了前所未有的毁灭性洗劫。整个意大利南部顿时陷入难以想象的极度恐慌中。

据统计，此次地震死亡人员中，1/3 直接死于地震，其余 2/3 死于海啸。这是 20 世纪最早的一起特大海底地震和第二大地震毁城事件。

1923年日本东京-横滨地震

1923 年 9 月 1 日，时近正午，日本关东地区的大多数人都在准备午饭。突然，地下传来一阵可怕的声音，紧接着大地剧烈地抖动起来，刹那间房倒屋塌，许多人来不及反应就被砸死在屋内，同时烧饭

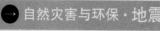

的炉火翻倒，引起熊熊大火……

这次地震震级高达8.2级，是日本地震史上震级很大、损失惨重的一次大地震。地震的震源是在东京湾西南部的相模湾之下。这次地震摧毁了日本关东的广大地区，包括东京和横滨两大城市以及沿此海岸的镰仓、泽山、小田原、热海等许多小城市。这些城市的房屋50%～80%在地震中完全倒塌，特别是建筑在松软的冲积层上的城市，损失最为严重。东京、横滨人口密集，人员伤亡也主要集中在这两大城市。

据统计，这次地震死亡人数共达14.3万人，其中9/10以上的人是被活活烧死的。地震将煤气管道破坏，煤气四溢，遇火即燃。大火差不多使日本关东地区变成了人间地狱。成千上万的灾民逃到了海滩，纷纷跳进大海，躲避烈火。可是，几小时后，海滩附近油库发生爆炸，10万多吨石油注入海湾。大火引燃了水面的石油，海湾瞬间变成了火海，躲进海里避难的人全部被大火烧死。

地震造成的剧烈地壳运动引发

山崩地裂，多处出现塌方和泥石流。一片森林以时速90多千米的速度从山上滑下山谷，碾过一条铁路，将正在行驶的火车连同车上的乘客、货物统统带进邻近的海湾中。地震造成的海啸掀起滔天巨浪，以每小时750千米的速度扑向海港海湾沿岸，摧毁了所有船舶、港口设施和近岸房屋，卷走、打碎8 000艘舰船，淹死5万多人。

在这次大地震中，东京城内85%的房屋毁于一旦，横滨96%的房屋被夷为平地，整个大东京地区死亡和失踪人数超过14万人，受伤超过20万人，财产受损的则超过300多万人。

此震例表明，地震不仅可以摧毁城市的构筑物和建筑物，同时可能引发严重的次生灾害——火灾。从伤亡人员的数字统计看，火灾致死的人数超过了由于建筑物、构筑物倒塌直接致死的人数。

1920年中国宁夏海原大地震

海原位于宁夏南部，在六盘山

东麓，北距黄河约 100 千米。其西有盐池，其东有清水河，其南为固原、平凉。由陕西定边至甘肃靖远、兰州的公路从其县城通过。

1920 年 12 月 16 日 12 时 6 分，海原发生了 8.5 级大地震，震源深度约 30 千米。这次大地震，可以说是近三四百年来中国发生的级别最大、受灾最重的特大地震。这次特大地震的震中高窑湾在盐池附近，其极震区东起固原，经西吉、海原、靖远芋县，西至景泰县，面积约 2 万平方千米。地震时，这些地区山崩地裂、河流壅塞、交通断绝、房屋倒塌。破坏最严重的打拉池至西安州一带地面改观，建筑物荡然无存，尸殍遍野，人烟鸡犬绝迹，狼群嗥哺吃人，景象十分凄惨！

这次地震，强烈的震动持续了十几分钟，据《陕甘地震记略》记载，大地震后灾区人民无衣、无食、无住，复值严寒冬季，瑟瑟露宿，匍匐扶伤，哭声遍野。根据当时灾区各县统计，在这次大地震期间死亡 234 117 人。

这次大地震波及的范围很广，在震区东北方，远处的北京"电灯摇动，令人头晕目眩"；远在东南方的上海"时钟停摆，悬灯摇晃"、远在南方的广州"掉灰泥片"、汕头"客舱荡动"、香港"大多数人感觉到地震"。其有感范围超过大半个中国。

地震时，海原县城内除一座钟楼和一座极矮小的土著人坯拱窑未塌平外，其余建筑物均完全荡平，土筑城墙大半塌毁，就连明代建筑质量较好的西安州，也全城被毁，房屋倒平。靖远县靠近黄河岸边，地震时除房屋倒塌严重外，地裂、涌水十分严重。靖远县东部的干盐池古镇，当时商业繁华，当地所产的盐销往甘肃、宁夏各地。地震时，镇内外房屋倒塌殆尽，巨大的地震裂缝穿过全镇和镇西北部的盐湖底。

在死亡人口中，固原县全县死亡 39 068 人，死亡率达 45%；隆德县死亡 28 370 人，窑洞倒塌 3 万余孔。静宁县县城以西的高家堡、孙家沟、七里铺等处山崩、滑坡严重，河流俱被山崩、滑坡壅塞。会宁县全县死亡 15 639 多人，倒塌房屋、窑洞8万～9万间，县城以东的清江驿莲台土山崩塌3处，响河被堵塞，积水成湖。清江驿以东山崩、滑坡，埋没村庄，数十里内，伏尸累累，人烟断绝。种种灾情和当地居民的悲惨境况，笔墨难以尽述。

1927年中国甘肃古浪大地震

甘肃古浪在武威（凉州）南约60千米，与在其东北方向的银川及东南方向的海原，略呈不等边的三角形。

1927年5月23日06时32分47秒（国际时间），甘肃省古浪县发生8级大地震，震中位于黄羊川至杂木河的水峡口附近，震源深度约23千米，震中烈度为XI。

这次大地震破坏严重的地区在古浪县城及其以北的双塔、泗水和黄羊河、杂木河一带，这些地区的窑洞全部倒塌，房屋倒塌90%以上。

据《古浪县志》记载："民国十六年（1927年）阴历四月二十三日，古浪发生大地震。是日将晓，初震一次，其势尚微，感到床榻混漾，钉扣鸣响。有些人从梦中惊醒，以为震摇已过，多数人未曾防避。甫逾片刻，二次震摇又来，霹雳一声，谷应山鸣，数十丈之黄尘，缭绕空中，转瞬间天地异色，日月无光，城廓庐舍化为乌有，山河改观，闾巷莫辨，号痛之声，远闻数里。号称三百户之县城，压死男女七八百口，全城房屋倒塌无遗。其未曾摇倒者，仅南街之燃灯佛楼，北街之杨家牌坊。统计城乡死亡人口四千有余，死亡牛羊马匹数达三万"。

地震时，县城及其附近的百子宫、石门山庙、三圣宫、圣母宫、三宫楼、三师殿、北极宫、老君阁、新龙庙、土圣庙、雷祖庙等完全倾废；城池、衙署、司法署、公安局等房屋也完全倾颓；天主教堂大半摇平。

县城及其附近出现许多地裂缝及土疙瘩群（地面局部隆起），井水涨落极为普遍，古浪县城周围25千米变为丘墟。

据地震后的现场考察报告叙述：在古浪周围的25千米方圆地

区的震灾情况严重，古浪以东的黄羊川一带地裂缝很发育，房屋破坏严重，小干沟木架结构的房屋全倒，坟墓摇平，树梢拂地，山上平地裂缝很多；古浪以南黑松驿一带地裂缝很多，以近南北向为主，房屋几乎全倒，仅存娘娘庙和磨坊各一座，长城坍塌多处；古浪北胡家湾房屋全部震倒，山顶摇晃，出现裂口、裂缝很多，震后地面凸凹不平；双塔民房、寺庙、城墙全部倒塌，城内仅木牌倾斜未倒，大佛寺倾圮，石碑倾倒，河滩、山坡裂缝很多，花岗岩基岩裂缝 0.5 米，并发生大规模山崩，巨大的石体从山上落下；古浪北西沈家窝铺、四台、冬青顶一带房屋全部倒塌，地裂缝极其发育，地表上下错动成陡坎，坍塌，形成北西向为主的变形带，并穿越沟谷、山脊和基岩；古浪西部的古城、塔几沟、张义堡等村镇房屋、庙宇几乎全部倒塌，地裂缝很多，山石严重崩塌。估计以上这些地区的地震烈度达 XI 度。

以武威县为例，经调查，地震期间，全县死亡 35 495 人（原有人口 8 万多人），死牛马羊畜 222 095 头，房舍 418 442 间，崩裂田地 123 669 亩。地震时，罗什寺鎏铜塔顶高 5 尺余，塔倒，塔顶坠地，裂为数片；武威大城四门砖楼共 24 个，倒 23 个，只留北楼；13 层高的罗藏砖塔，倒塌后只有一人高；清真寺，大广寺二塔均倒，庙宇震倒，残次不全；武威县署倒平，倒房约万余间，县长毙命。武威县的教堂保育院有约 100 个孤儿，在地震中除 2 个孩子被救出外，其余大部被倒墙压死。这些悲惨景象，使人闻之皆呛呃！

大地震虽然发生得很突然，但大地震是有前兆的。比如，在大地震发生前约 50 分钟，出现过明显的 5.5 级前震，前震使房屋摇动，窗户有响声；在大地震前还出现明显的地声。大风、犬吠、地下水忽升忽降等现象；灾区明显存在旱灾，且地磁显示出磁暴等现象。大地震前还发生过许多次有感地震。地质学家袁复礼在大地震后，到震区进行过调查，他记录了目睹者的回忆如下："我 23 日清晨 5 时起床。至洗澡间去解衣，即闻地声隆隆若雷响，人皆至院中，倾刻间地即摇动，人皆头晕，欲伏地卧，数钞后即闻土墙毁塌之声，晚起者被压死。"

世界历史上有仪器记录的最大地震——1960 年南美智利大地震

智利是太平洋板块与南美洲板块互相碰撞的俯冲地带，处于环太平洋火山活动带上。特殊的地质结构，造成了它位于极不稳定的地表之上，自古以来，火山不断喷发，地震接二连三，海啸频频发生。1960 年 5 月 22 日 19 时 11 分发生在这里的地震，震级达到 8.9 级，是世界历史上最大的地震。这次地震所释放的能量相当于 10 万多颗 1945 年 8 月投掷到广岛的原子弹的能量，地震还引发了最大的一次海啸。

1960 年 5 月 21 日至 22 日智利

接连发生了7.7级、7.8级、8.9级三次大震。当地震刚发生时，震动还比较轻微，大地只是轻轻地颤动着。和以往不同的是，它连续不断地发生。接着震级一次高于一次，震动越发剧烈。仓皇之中，人们东倒西歪，摇摇晃晃跑到室外。然而，连续两天持续不断的震荡，使人们产生了不以为然的麻痹思想。人们不像开始时那样惧怕了，有人甚至搬进了破裂的屋子。当然也有相当一部分人心有余悸，他们担心更大的地震即将来临。果然，5月22日19时许，忽然震声大作，震耳欲聋。地震波像数千辆坦克隆隆开来，又如数百架飞机从空中掠过，呼啸着从蒙特港的海底传来，不久大地便剧烈颤动起来。一会儿，陆地出现了裂缝；一会儿，部分陆地又突然隆起，好像一个巨人在翻身一样。瞬间，海洋在激烈地翻滚，峡谷在惨烈地呼啸，海岸岩石在崩裂，碎石堆满了海滩……

震中区几十万幢房屋大多破坏，有的地方在几分钟内下沉两米。在瑞尼赫湖区引起了300万方、600万方和3000万方的三次大滑坡；滑坡填入瑞尼赫湖后，致使湖水上涨24米，造成外溢，结果淹没了湖东65千米处的塔尔卡瓦诺，全城水深2米，使一百万人无家可归。

这次地震还引发了巨大的海啸，在智利附近的海面上浪高达30米。海浪以每小时600～700千米的速度扫过太平洋，抵达日本时仍高达3～4米，结果使得1000多所住宅被冲走，20000多亩良田被淹没，15万人无家可归。

1976年中国河北唐山大地震

1976年7月28日3点42分53.8秒发生在我国河北唐山里氏7.8级的地震，是20世纪十大自然灾害之一。唐山地震无明显前震，余震持续时间长，衰减过程起伏大。据统计，大地震共造成24.2万多人死亡，16.4万多人重伤；7200多个家庭全家震亡，上万家庭解体，4204人成为孤儿；97%的地面建筑、55%的生产设备毁坏；交通、供水、供电、通讯全部中断；23秒内，直接经济损失人民币 100 亿元以上；一座拥有百万人口的工业城市被夷为平地。

唐山地震的震级为 7.8 级，震中烈度为 11 度。地震发生的地点是人口密集的工业区，发生在凌晨正当人们沉睡的时候。地震部门事先也未能发出预报。因此，此次地震，造成极为严重的损失。同日 18 时 45 分，又在距唐山 40 余千米的滦县商家林发生 7.1 级地震，震中烈度为 9 度。邻近的天津也遭到 8 ～ 9 度的破坏，有感范围波及重庆等 14 个省、市、区，破坏范围半径约 250 千米。震源物理研究表明，该震的震源错动过程较复杂。在华夏大地，北至哈尔滨，南至清江一线，西至吴忠一线，东至渤海湾岛屿和东北国境线，这一广大地区的人们都感到大地发生异乎寻常的摇撼。强大的地震波，以人们感觉不到的速度和方式传遍整个地球。

由于唐山地震发生在城市集中、工业发达的京、津、唐地区，震级大，灾害严重。党中央、国务院决定实施国家级救灾，成立各级指挥部，以解放军为主体对口

支援，有组织地开展自救、互救活动。十余万解放军官兵紧急奔赴灾区救援；全国各地5万名医护人员和干部群众紧急集中，救死扶伤和运送救灾物资；危重伤员由专机、专列紧急疏散转移到11个省市区治疗。

强烈的地震使交通中断，通讯瘫痪，城市停水、停电，因此，抢修通讯、供水、供电，恢复交通等生命线工程是唐山救灾的最紧迫的任务之一。中央据此迅速布置了各专业系统对口包干支援的任务。邮电、铁道、交通、电力、市政建设等部门立即行动，保证了上述系统工程恢复和重建的顺利进行。地震时正值盛夏，天气炎热，阴雨连绵，导致震后疫情严峻，唐山防疫工作采取突击治疗、控制疫病传染源、改善环境、消除病菌传染媒介、预防接种、极大地提高人员抵抗力的综合措施，实行军民结合、专群结合、土洋并举的办法，把疫病消灭在发生之前，从而创造了灾后无疫的人间奇迹。

震后，国家用于唐山恢复建设的总投资为43.57亿元。历经7年的建设，唐山已建成一座功能分区明确、布局比较合理，市政建设比较配套，抗震性能良好，生产、生活方便，环境比较优美的新型城市。震后的建筑物均达到了八度抗震，从此人们都说"唐山是世界上最安全的城市"。

1978年日本伊豆半岛大地震

伊豆半岛位于富士山之南，突出于日本东海岸，其南有大岛、八丈岛等伊豆诸岛。宫城县在伊豆半岛北约500千米，也在日本的东海岸。

1978年1～6月，在不到半年时间里，日本伊豆半岛和宫城县近海发生了两次7级以上的大地震，给震区造成了惨重损失。发生大地震的这两个地方火山、地震活动历来频繁。

1978年1月14日〔当地时间中午12时24分42秒），日本伊豆半岛发生7级大地震，震中位于伊豆半岛东部与大岛相对的海滨。大地震波及到除九州以外的日本列岛。伊豆半岛因山崩死亡9人，另有10余人下落不明；震中区附近的稻取镇死亡11人，失踪15人，伤14人；离震中较近的河津町、东伊豆町和汤岛町共死亡22人，失踪几十人，伤132人。整个伊豆半岛有65所房屋全部毁坏，有约3 400所房屋遭受了不同程度的破

坏，11 577 公顷土地遭受了损坏，65 处公路受损坏，有 77 处山崖崩塌，150 条电话线路中断，1 800 户停电，5 500 户断水。其中一些伤亡和破坏的原因，是由于地震时和震后发生的约 100 多次塌方造成的。例如，有一辆正在行驶中的公共汽车，被山上塌方落下的大石击中，造成 3 名旅客死亡。

与伊豆半岛西部隔海相望的静冈县，在地震时，建筑物也剧烈摇晃，其遭受的破坏和损失约有 500 万美元。

地震时，横滨市国营电车、京滨快车、相模铁路及市营地铁一律停顿，全市交通陷入混乱，市民一片惊慌。在大阪市东区 21 层的商业大厦摇晃剧烈，建筑物内物件翻倒。此外，馆山、三岛、石廊崎、新岛等地也都遭受了震灾。

这次地震还使位于东京西南 160 千米的矿业公司的一个蓄水坝开裂，导致被氰化物污染的巨量泥水排入附近的持越河和狩野川河，至少毒死了 10 万条鱼。

这次大地震，在震前曾出现许

多征兆，但未能引起人们的足够重视。震前一两天，动物园里的黑猩猩和鲶鱼、海鸥以及海里的特大乌贼都出现异常反应；静冈县汤元温泉水温上升；茨城县、东京、小田原等地井水水位升高，月亮颜色发暗；静冈县中伊豆町水氡浓度值大大下降，然后又上升。大地震发生的前一天里曾发生150多次有感地震。日本的有些地震学者，认为这是大地震的前兆，但有的人认为地震不会继续很长时间，烈度最大为Ⅳ度（指日本Ⅶ度烈度表），不会造成重大破坏。因为在大岛近海，常发生这样一群不大的地震后，即告结束。但这次不然，在发生一群不大的地震后，又接着发生了7级大地震。

这次大地震前出现的"地震云"也比较奇特，引起了许多人的兴趣。地震前两天，即1月12日下午5时左右、奈良市市长键田忠三郎在奈良市商工会议所五楼厅讲演时，隔着窗户看到一条由西南伸向东北的细长的红色云带飘动着。他立刻停止了讲演，对参加会议的大约300余名市民说："云的形态

特殊，要发生大地震。"他估计两三天内将发生相当大的地震，于是当即让人将这条云带拍了照，并向"地震云"研究者，专门从事高空气象学研究的九州工业大学工学院真锅大觉副教授通报了消息，在综合考虑了气温和湿度等因素后，发表预言说："地震的方位是在静冈或四国方面，对奈良影响不大，震级可能不会超过7级，但从云的强度看，可能会出现一次相当强烈的地震。"他的预言不幸兑现了，大地震发生了，但他的预言并未能在震区产生有效的作用。

1990年菲律宾吕宋岛大地震

吕宋岛位于菲律宾北部，是菲律宾最大岛屿。岛上和周围海底的火山、地震活动频繁。

1990年7月16日当地是下午4时25分，菲律宾吕宋岛发生7.7级特大地震，震中位于吕宋岛碧瑶市东北约30千米的山区，震源深度约10千米。

在发生8级地震之前4分钟，

还发生了一次7级地震。这也可认为是8级地震的前震。

这次7级大地震发生在马尼拉北约160千米的甲描那端市北部山区。突然发生的地震使当地高山崩塌，桥断路裂，房屋倒毁。甲描那端市一幢六层教学大楼被震倒，300多名正在上课的学生和老师统统被埋在倒塌物下面。地震时甲描那端北郊的山间公路上，正行驶着数十辆汽车，车中的乘客和司机约有几百名，这些人和车都被地震引发的山体滑坡和山崩埋没了，有70多户人家的描龙崖山村，也被埋没消失了。

4分钟后，在甲描那端西北约100千米的碧瑶市东北30千米处又发生了8级特大地震，震源很浅，约深10千米，造成了更大的灾害。致使死亡1597人，失踪1047人，伤3061人，并使80余万人无家可归，经济损失约6亿美元。

碧瑶市是菲律宾的一个旅游城市，被称为"夏都"。地震时市内大部分建筑物被震倒或遭受严重破坏，有28幢高楼被夷为平地，其中有8座旅游饭店和2幢5星级饭店，有150多名国内外游客被埋在一座宾馆内，还有约900人被埋在了其他废墟之下。

地震时，当地的道路出现裂缝，机场跑道裂开，电力、通讯全部中断。通往外界的3条主要公路被山崩塌方的巨石和泥土堵塞，使整个碧瑶市处于瘫痪和与世隔绝的状态。这次地震还使出口加工区8家工厂的房屋倒塌，死亡135人。有一家工厂的一幢三层楼房倒塌，正在领工资的150名工人除个别人反应较快，快速逃脱之处，其余全部被崩塌的墙壁和楼板埋葬。地震后，紧跟着发生了大火，浓烟烈焰，让为数不多的救灾人员无法接近被困的灾民，致使废墟里的幸存者，又全都葬身火海。5家外国经营的工厂，如哈特饭店和碧瑶大学商业大厦均倒塌，死亡数十人。灾难中幸免于难的居民们全都涌入户外广场、公园或汽车里，碧瑶市到处搭起了防震棚。

碧瑶市西南30千米的卡巴纳端市的学校、大饭店、桥梁等建筑物均倒塌，有数百人被埋。其中有一所基督学校的6层教学大楼倒塌，300多名正在上课的学生和教师被困，当场死亡30余名。另外倒塌的几座教学楼下，也埋压着100多名学生。这次地震造成的滑坡和地裂缝，使市内、市外许多地方的交通中断，电力线路也遭到严重破坏。

卡巴纳端市西南的达古潘市受灾也十分严重。这是一座沿海城市，也是个商业中心。这座城市与吕宋岛相连的大桥倒塌了，其主要公路出现了大裂缝，商业区塌陷深约2米，其中有一个街区90%的房屋在地震时陷落，部分地区海水倒灌，海水和泥浆也沿地裂缝涌出地面，有一些汽车陷毁于地裂缝之中。地震给这个城市造成的经济损失约845万美元。

地震时，首都马尼拉也受到影响，成千上万的市民冲出楼房，找寻避难的处所，致使交通堵塞，难以通行。市内部分地区的通讯也发生中断，输电线路遭受破坏，并发生了两起火灾。市中心的一些墙壁和混凝土板倒落，窗户玻璃破碎，有些建筑物出现裂缝。高架铁路系统、机场、学校等都宣告关闭，宾馆和高层办公楼都禁止人们进入，以防避和减轻灾害。马尼拉市距地震震中虽然较远，也造成10余人死亡。

2008年中国四川汶川大地震

2008年5月12日14时28分04秒，四川汶川、北川，发生8级特大地震。刹那间大地颤抖，山河移位，满目疮痍，生离死别……这是新中国成立以来破坏性最强、波及范围最大的一次地震。此次地震重创约50万平方千米的中国大地！

此次特大地震发生在地壳脆—韧性转换带，震中汶川县映秀镇地处我国的一个大地震带——南北地震带上，是四川盆地和青藏高原的分界线，为龙门山断裂带，属于巴颜喀拉地块东南边界。究其原因，是因为印度洋板块向亚欧板块俯冲，造成青藏高原快速隆升，高原物质向东缓慢流动，在高原东缘沿龙门山构造带向东挤压，遇到四川盆地之下刚性地块的顽强阻挡，造成构造应力能量的长期积累，最终在龙门山北川—映秀地区突然释放。

这次地震为逆冲、右旋、挤压型断层浅源性地震。造成了连接青藏高原东部山脉和四川盆地之间大约275千米长的断层。震中50千米范围内的汶川县城和200千米范围内的大中城市受灾最为严重。全国除黑龙江、吉林、新疆外均有不同程度的震感，其中以陕甘川三省震情较为严重。港澳地区在地震发生三分钟后感到震动，越南河内、泰国曼谷、台湾省台北和巴基斯坦分别在地震后的5、6、8和10分钟后感到震动。

汶川地震的震中烈度高达11度，以四川省汶川县映秀镇和北川县县城两个中心呈长条状分布，面积约2419平方千米。其中，映秀11度区沿汶川—都江堰—彭州方向分布，北川11度区沿安县—北川—平武方向分布。

汶川地震的10度区面积则为约3 144平方千米，呈北东向狭长展布，东北端达四川省青川县，西南端达汶川县。9度区的面积约7 738平方千米，同样呈北东向狭长展布，东北端达到甘肃省陇南市武都区和陕西省宁强县的交界地带，西南端达到汶川县。

9度以上地区破坏极其严重，其分布区域紧靠发震断层，沿断层走向成长条形状。其中，10度和9度区的边界受龙门山前山断裂错动的影响，在绵竹市和什坊市山区向盆地方向突出，在都江堰市区也略有突出。

汶川地震的8度区面积约27 787平方千米，西南端至四川省宝兴县与芦山县，东北端达到陕西省略阳县和宁强县；7度区面积约84 449平方千米，西南端至四川省天全县，东北端达甘肃省两当县和陕西省凤县，最东部为陕西省南郑县，最西为四川省小金县，最北为甘肃省天水市麦积区，最南为四川省雅安市雨城区。

6度区的面积约314 906平方千米，一直延伸到重庆市西部和云南省昭通市北端，其西南端为四川省九龙县、冕宁县和喜得县，东北端为甘肃省镇原县和庆阳市，最东部为陕西省镇安县，最西为四川省道孚县，最北达宁夏回族自治区固原县，最南为四川省雷波县。

在龙门山前盆地边缘的过渡带，汶川地震的烈度向东衰减很快，西侧则衰减相对较缓。同时，汶川地震烈度分布的南北也不对称：8度区和7度区范围向四周扩大，呈现为北东向的不规则椭圆形，且相同烈度的区域在北部比南部大，进入甘肃省和陕西省境内，显示出断层破裂向北东方向传播，最大余震发生在断层北部。

据不完全统计，此次地震共造成69 227人遇难，374 643人受伤，17 923人失踪。其中四川省68 712名遇难，17 921名失踪，包括5 335名学生。直接经济损失高达8 451亿元。

为表达全国各族人民对四川汶川大地震遇难同胞的深切哀悼，国务院决定，2008年5月19日至21

日为全国哀悼日。并自 2009 年起，将每年 5 月 12 日定为全国防灾减灾日。

2010年中国青海玉树地震

2010 年 4 月 14 日 7 点 49 分，青海省玉树藏族自治州发生 7.1 级地震，这次地震主要发生在玉树州的州府所在地——玉树县结古镇，当地居民房屋 90% 倒塌。据悉，当时多数人尚未起床，因此伤亡较为严重。在地震中，玉树县固定电话通讯中断，当地土木结构房屋倒塌严重。震区一水库出现裂缝，有关工作人员迅速采取放水等应急处置措施。武警青海总队出动 3 000 多名官兵前往青海玉树灾区救援，同时驻玉树地区 600 多名武警官兵也先期投入到救援行动。

月 14 日 9 点 25 分，当地再次发生 6.3 级地震，震源深度 30 千米。自从 14 日早晨 7 点 49 分发生 7.1 级地震以来，玉树连续发生 4 次余震，分别为 4.8、4.3、3.8 和 6.3 级。此次地震的影响很大，因为当地大部分都是土木结构房屋，所以地震到来时，几乎所有的民居都倒塌了，地震造成许多人员伤亡。

玉树地震地表破裂大致可分为 3 段：西段为　　　　　玉树县

赛马场以西，长约16千米，表现为左旋走滑为主兼逆冲，最大水平走滑位移为175厘米，垂向断距达60厘米；中段主要在城区南部，长约3千米，由多条"雁列式"分布的地表破裂组成，表现为左旋走滑性质，该段地面最大水平位移约30厘米。东段从玉树县城扩展到结古镇禅古村，长约4千米，表现为走滑—逆冲型，局部以逆冲为主，地面垂直断距约60厘米，水平位移约30厘米；城区没有发现大的破裂带。

这次玉树地震遇难人数为2 064人，失踪175人，受伤12 135人，其中重伤1 434人。为表达全国各族人民对青海玉树地震遇难同胞的深切哀悼，2010年4月20日国务院决定，2010年4月21日举行全国哀悼活动，全国和驻外领使馆下半旗志哀，停止公共娱乐活动。

地震与环境保护

DIZHEN YU HUANJING BAOHU

第5章

地震的两重性

地震作为一种自然现象，我们人类不可能彻底改变它的存在和性质，但是地震同样也具有两重性。地震在带给人们巨大的伤害的同时，也存在着有益于人类的另一面。

意大利风光旖旎的水城威尼斯是世界闻名的旅游胜地，可是200多年来，它一直在悄悄地整体沉降。从上世纪50年代起，这种沉降开始加速了。到70年代初，威尼斯城的沉降速度快到令人恐怖的程度。按沉降的速度推算，21世纪威尼斯必将沉入海底。为此，联合国环境署还向全世界科学家发出"救救威尼斯"的紧急呼吁。然而，1976年威尼斯城附近的里亚斯特发生了一场强烈地震，这场灾难却意想不到地拯救了威尼斯。

自从地震发生之后，意大利监测城市沉降机构的工作人员惊奇地发现，威尼斯城的地面沉降现象似乎停止了。一年后，他们发现威尼斯地面不但终止沉降，而且开始回升。1981年的一份报告显示，威尼斯地面已经比地震前上升了20毫米。如果没有那次地震，由于天气变暖而海平面上升，今天的威尼斯城也许已经沉入海洋了。

地震造福于人类的事情远不止这些。由于地震的发生，地壳断裂带的剧烈变化促成了钻石、宝石的形成；石油已是当今世界上最重要的资源之一，可是很多人还不知道，地壳层里储油结构的形成和油田的生成都是地震所赐；科学家正是通过对地震波的研究，才揭开了地球内部结构的神秘面纱，得知地球从里到外由地核、地幔、地壳三层组成；科学家还利用地震波进行地壳断层的电子摄像，从而把现代地质学发展推进到了一个新时代。

作为地球上的一种自然现象，地震的存在也有其合理性。所以我们应该辨证地看待地震，因势利导地利用地震有益的一面，同时努力防御其有害的一面，这样才能做到科学面对地震。

地质环境保护

人类生活的地球已有 46 亿年的历史。地球丰富的自然资源和多姿多彩的自然景观为人类生存与发展提供了必不可少的条件。我们只有一个地球。在茫茫宇宙中，地球是人类迄今所知的唯一家园。我们一定要像珍惜生命一样呵护地球，保护地球环境，保持和地球和谐相处的关系，使我们的家园——地球永葆青春。在人类干预自然力量日益强大的今天，唤醒人类的地球意识也十分重要。

地质环境是自然环境的重要组成部分，与人类社会发展息息相关。但是，地质环境在自然作用和生命活动下会发生多种变化。这种变化对人类的生存会产生直接的、间接的或潜在的影响。如地面沉降和地

裂缝活动两种地质灾害，就主要是由于人类超量开采地下承压水而引起的。

我国地质环境复杂，自然变异强烈，已成为世界上地质灾害多发的国家之一。我国地质灾害种类多、分布广、影响大，不仅地震灾害发生频繁，而且分布有近百万处崩塌、滑坡和泥石流灾害点。全国水资源分布也不均衡，地下水开采量集中，开采布局不合理，造成个别地区地下水水位下降、水质恶化甚至水源枯竭，从而出现地震、地面沉降、海水入侵、地裂缝和地面塌陷等地质灾害和地质环境问题。在矿产资源开发中，由于不当开采，也带来不少地质环境问题，甚至形成地质灾害，如诱发地面塌陷、岩溶塌陷、山体开裂、坑道突水、水土流失、水土污染等。我国地质遗迹千姿百态，美不胜收，为旅游观光、科学研究、开发利用提供了丰富的天然资源。但是，我们的保护工作与世界经济发达国家相比尚存在一定差距，地质遗迹保护区数量少，建设速度慢，一些珍贵的地质遗

迹破坏严重。

新中国成立以来,我国地质环境保护工作得到了党和政府的高度重视。国土资源部于2004年发布了《地质灾害防治管理办法》,这为我国地质灾害防治工作提供了法律保障。我国从中央到地方,根据基本国情和本地实际,制定了保护地质环境的政策,并投入了大量人力、物力和财力,以做好防治地质灾害的基础工作,在保护地质环境和防治地质灾害方面取得了很大成绩。

要进一步建立健全保护地质环境的法律法规体系,特别是要抓紧制定发布省级地质环境保护法规。地质灾害的防治要认真贯彻执行"以防为主,防治结合"的方针,采取更加有力的措施,提高抵御和防范地质灾害的能力,最大限度地降低地质灾害的损失。各地要在掌握地质环境状况,了解地质灾害形成、发展和分布规律的基础上,抓紧制定出切实可行的环境保护规划,把地质环境保护工作真正落到实处。各级国土资源部门要把保护地质环境作为一项重点工作,坚持依法行政,对因不当生产活动,破坏地质环境,诱发地质灾害,造成重大损失的,要从速从严查处。要加强地质环境保护管理机构建设和地质环境监测工作,坚持依靠科技进步,进一步提高地质灾害预测预报水平和保护地质环境的能力。

保护地质环境是全社会的共同责任。我们要通过各种宣传活动,增强全民的地质环境保护意识,增加全民的防灾减灾知识。每一位公民,都要站在对国家、对人民负责的高度,为了保护我们自己的家园,我们应该学习科学知识,培养公共道德,立即行动起来,自觉地依法保护地质环境。让我们共同携起手来,保护地质环境,使国家繁荣富强,人民的生活更加美好。